식물추출물 함유

유기농업자재 주성분 분석 매뉴얼

농촌진흥청 국립농업과학원

발간사

　우리나라 친환경농업은 1997년 「환경농업육성법」을 제정하여 법적근거를 마련한 이래, 2001년 「친환경농업육성법」으로 명칭을 변경하였고, 2012년 「친환경농어업 육성 및 유기식품 등의 관리·지원에 관한 법률」(친환경농어업법)로 농·수·축·임산물까지 적용 범위를 확대하여 친환경 농업에 대한 제도를 운영하고 있습니다.

　친환경농업은 국민소득 증가, 소비패턴 변화, 지속 가능한 농업에 대한 관심 등으로 지속적으로 성장하고 있으며, 최근에는 농산물의 안전성 문제 등 외부 요인에 의해서도 친환경농업에 대한 요구가 강화되고 있습니다. 특히 유기농산물은 기존에 관행적으로 사용해 온 화학비료와 농약 등의 농자재를 유기질비료, 퇴비, 유기상토, 천적, 생물농약 등과 같은 친환경적인 유기농업자재로 대체하는 것부터 시작됩니다.

　정부는 농업인에게 농자재 선택의 편의를 제공하기 위해 친환경유기농산물 생산을 위해 쓸 수 있는 자재인지 여부를 검토하여 공개하는 제도로 유기농업자재 목록공시 제도를 2007년부터 시행 중에 있습니다.

　유기농업자재란 "유기농축산물을 생산, 제조·가공 또는 취급하는 과정에서 사용할 수 있는 허용물질을 원료 또는 재료로 하여 만든 제품"을 말하며 친환경농어업법 시행규칙에 따라 크게 토양 개량용 및 작물 생육용 유기농업자재와 병해충관리용 유기농업자재로 구분하여 제도적으로 관리되고 있습니다.

병해충관리용 유기농업자재는 주로 식물추출물이 많이 사용되고 있으며 님, 고삼, 제충국 등 50여 종 이상의 식물추출물이 원료로 사용되고 있습니다. 이러한 식물추출물을 원료로 하여 병해충관리용 유기농업자재 제품을 공시하기 위해서는 공시 기준에 따라 주성분 검사성적서 및 분석방법을 제출해야 합니다. 이를 위해 국립농업과학원에서는 병해충관리용 유기농업자재의 원료로 사용되는 식물추출물의 주성분 분석법 개발과 관련된 연구를 수행해왔습니다.

본 매뉴얼에는 농업현장에서 많이 활용되는 식물추출물 16종 함유 유기농업자재 제품에 대하여 품질관리를 위한 주성분을 선정하고, 주성분 함량을 정량하기 위한 분석법을 수록하였습니다. 유기농업자재 제조공정의 차이까지 고려하면 제품 중 주성분의 함량을 일률적으로 관리하기는 어려운 점이 있으나 본 매뉴얼에 수록된 분석법을 통해 유기농업자재 제품에 사용된 원료의 확인 및 함량 미달 제품의 관리 등 유기농업자재의 품질관리에 기여 할 수 있을 것으로 생각됩니다.

끝으로 본 매뉴얼이 농업 현장에서 적극적으로 활용되어 친환경농자재가 효율적으로 이용되고, 친환경유기농업의 활성화에 도움이 되었으면 하는 바람입니다.

2020. 12.
농촌진흥청 국립농업과학원장 김 두 호

목 차 CONTENTS

Ⅰ. 유기농업자재 주성분 분석법

1. 님 ·· 2
2. 고삼 ·· 7
3. 계피 ·· 12
4. 마늘 ·· 17
5. 데리스 ·· 22
6. 피마자 ·· 27
7. 정향 ·· 35
8. 잣나무 ·· 40
9. 제충국 ·· 45
10. 차나무(Tea tree oil) ·· 50
11. 차나무(Tea seed oil) ·· 55
12. 백리향 ·· 60
13. 팔마로사 ·· 65
14. 시트로넬라 ·· 70
15. 대황 ·· 76
16. 황련 ·· 81

II. 유기농업자재 주성분 안정성

1. 님 ··· 88
2. 고삼 ··· 93
3. 계피 ··· 99
4. 데리스 ··· 103
5. 피마자 ··· 107
6. 정향 ·· 111
7. 잣나무 ··· 113
8. 제충국 ··· 116
9. 차나무(Tea tree oil) ·· 118
10. 차나무(Tea seed oil) ··· 120
11. 백리향 ··· 122
12. 팔마로사 ··· 124
13. 시트로넬라 ··· 126
14. 황련 ·· 128

[부록 1] 식물추출물 함유 유기농업자재의 주성분 ··················· 130
[부록 2] 가스크로마토그래피를 활용한 주성분 전처리 방법 ······ 131
[부록 3] 액체크로마토그래피를 활용한 주성분 전처리 방법 ······ 133
[부록 4] 유기농업자재 제품 중 주성분 안정성 시험방법 ··········· 134
[부록 5] 식물추출물 함유 유기농업자재 보관 시 주의사항 ········ 136

Ⅰ 유기농업자재 주성분 분석법

1 님

1) 식물정보

농업에 이용되는 님(*Azadirachta indica*)은 멀구슬나무과(Meliaceae) 식물로 인도, 방글라데시, 미얀마가 원산지이고 열매, 잎, 껍질 등 모든 부위를 사용하며 농자재로 많이 사용되는 오일은 열매에서 추출한다. 님 오일의 품질은 주성분인 azadirachtin의 함량으로 결정되고, 씨앗의 품질과 추출물 생산방식에 따라 주성분 함량이 300~4,000 mg/kg 이상으로 다양하다(Kumar and Parmar, 1996; Melwita and Ju, 2010).

님 오일의 품질은 주성분인 azadirachtin의 함량으로 결정되고, 씨앗의 품질과 추출물 생산방식에 따라 주성분 함량이 300 mg/kg에서 4,000 mg/kg 이상으로 다양하다(Kumar and Parmar, 1996; Melwita and Ju, 2010). Feng 등(2012) 여러 연구자들은 님 추출물 중 azadirachtins의 광, pH, 온도 등 환경요인에 의한 안정성 연구 결과를 보고하였다(daCosta 등 2014; Barrek등 2003; Caboni 등 2009).

님나무 추출물은 해충을 쫓아버리거나 갉아먹는 것을 멈추게 하거나 성장을 방해하는 등 해충을 무력화시키는 광범위한 살충제라고 말할 수 있다. 특히 메뚜기목, 매미목, 노린재목, 나비목에 섭식기피제와 살충제로서 활성이 있다. 아프리카의 메뚜기 떼가 지나간 곳에 유일하게 남아 있는 식물은 님 나무로서 예로부터 이 나무를 이용한 해충 방제가 인도, 네팔, 미얀마, 아프리카에서 활발히 이루어졌다. 기본적인 효과는 해충과 선충에 대해 식욕 감퇴, 성장 억제, 탈피 저해, 형태형성 저해, 산란관 파괴, 알의 부화 억제, 호르몬의 균형 파괴 등의 작용으로 해충의 번식을 억제시키며 500여 종의 세균에 살균 효과가 있는 것으로 알려져 있다(Ascher, 1993; Boeke 등, 2004). 또한 님나무 추출물은 적은 양으로 멸구의 바이러스 병 전염을 차단하는 등 곤충에 의한 바이러스 전파에도 영향을 준다. 님나무에 영향을 받는 주요 해충으로는 진딧물, 모기, 딱정벌레, 아메리카잎굴파리, 뿌리혹선충, 담배거세미나방, 점박이응애, 메뚜기 등이 알려져 있다.

이러한 효과 때문에 추출물은 유기농업 자재 원료로 유용하게 사용되고 있으며, 우리나라에서도 유기농업에 사용 가능한 재료로 공시되어 있다(유기농업자재 공시기준). 국내에는 친환경농자재 업체에서 님나무 오일을 수입하여 판매하고 있으나 식물추출물은 어떤 방법으로 추출했는지 또는 식물체의 어떤 부위를 추출했는지에 따라 해충 방제 효과가 다르기 때문에 일단 사용하여 효과를 확인한 이후에 구입하여 사용하는 지혜가 필요하다.

〈출처〉 농업기술길잡이 205 (유기농 쌀 생산. 2015.12.30., 농촌진흥청)

2) 주성분 정보

님 오일의 주요 성분으로는 azadirachtin A, azadirachtin B, salannin, deacetyl salannin, meliantriol, nimbin 등 limonoid 계열에 속하는 triterpenoid 화합물이 알려져 있다(Johnson and Morgan, 1997). Azadirachtin A는 해충의 호르몬을 조절함으로써 해충의 식해를 저해하는 효과를 가진 식물성 살충제 성분이다. 님 추출물의 고유성분이며 천연 살충 성분인 azadirachtin A, azadirachtin B, salannin 및 deacetyl salannin을 주성분으로 선정하였다.

물질명	분자식 (분자량)	이화학적 성질	특성
Azadirachtin A	$C_{35}H_{44}O_{16}$ (720.7)	- 황록색의 미결정 분말 - 강한 마늘 또는 유황 냄새 - CAS 번호 11141-17-6	- 살충성분 - 에탄올, 디에틸에테르, 아세톤 및 클로로포름에 쉽게 용해됨 - 헥산에 불용성
Azadirachtin B	$C_{35}H_{44}O_{16}$ (720.7)	- CAS 번호 95507-03-2	- 살충성분
Salannin	$C_{34}H_{44}O_9$ (596.7)	- CAS 번호 992-20-1	- 살충성분
Deacetylsalannin	$C_{32}H_{42}O_8$ (554.68)	- CAS 번호 1110-56-1	

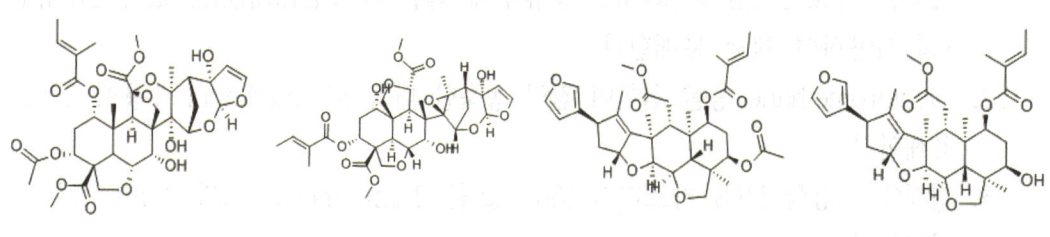

Azadirachtin A   Azadirachtin B   Salannin   Deacetylsalannin

〈님 주성분의 구조〉

3) 분석법

- 님 추출물 함유 유기농업자재의 분석 전처리 과정

	님 주성분 시험법
Sample Preparation	Dilution with DW (20 fold)
	Extraction : Sample 1mL+DW 50mL +DCM 20mL x 3
	Concentration and Dissolution with 5% MeOH in DW 2mL
Sample Clean up	HLB SPE (60mg, 3cc) 1.Conditioning with MeOH 2mL 2.Equilibration with DW 2mL
	Sample loading 2mL
	Washing with 5% MeOH 2mL
	Elution with MeOH 5mL
	Concentration and Dissolution with MeOH 1mL
Instrument	UPLC analysis

〈시료의 조제〉

- 유기농업자재를 증류수로 20배 희석하여 정제용 시료를 준비한다.

〈시료의 정제〉

1. 정제용 시료 1 mL를 50 mL 증류수에 넣은 후 dichloromethane 20 mL씩 3회 사용하여 액액 분배한다.
2. Dichloromethane 층을 합하여 감압 농축한 다음 5% methanol 수용액 2 mL로 용해한다.
3. 정제에 사용할 HLB 카트리지 (60 mg)를 2 mL methanol과 2 mL 증류수로 씻어준다.
4. 용해한 시료 2 mL를 미리 준비한 HLB 카트리지에 주입하고 5% methanol 수용액 2 mL로 카트리지를 씻어준다.
5. HLB 카트리지에 5 mL의 methanol을 가하여 분석용 시료를 용리시킨다.
6. 정제된 시료는 농축 후, methanol로 재용해하여 LC-UVD로 기기분석을 실시한다.

UPLC-UVD 기기분석조건

- Phenyl (3 μm x 100 mm, 1.7 μm) 또는 이와 동등한 컬럼을 사용하여 LC-UVD로 분석한다.

Instrument	UPLC-UVD		
Column	Acquity BEH Phenyl (3 μm x 100 mm, 1.7 μm)		
Column Temperature	40℃		
Mobile phase	A : 0.05% formic acid in DW B : Acetonitrile (ACN)		
Gradient	Time (min)	A (%)	B (%)
	0	95	5
	5	90	10
	10	50	50
	15	10	90
	17	0	100
Flow rate	0.5 mL/min		
Detection wavelength	217 nm		

UPLC-UVD 분석을 통한 님 주성분의 크로마토그램

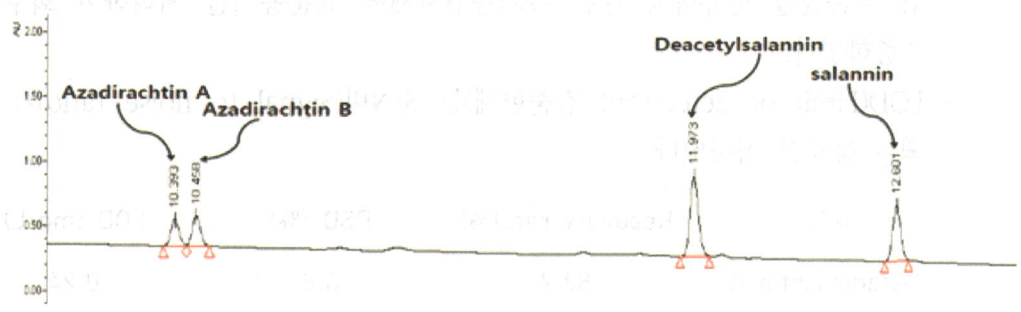

성분명	Azadirachtin A	Azadirachtin B	Deacetylsalannin	Salannin
RT (min)	10.393	10.458	11.973	12.601

- 님 주성분의 검량선
  - 님 주성분 4종을 methanol에 녹여 표준용액을 조제하고 0.5~50 mg/L로 희석한 후 LC-UVD로 분석하여 검량선을 작성한다.

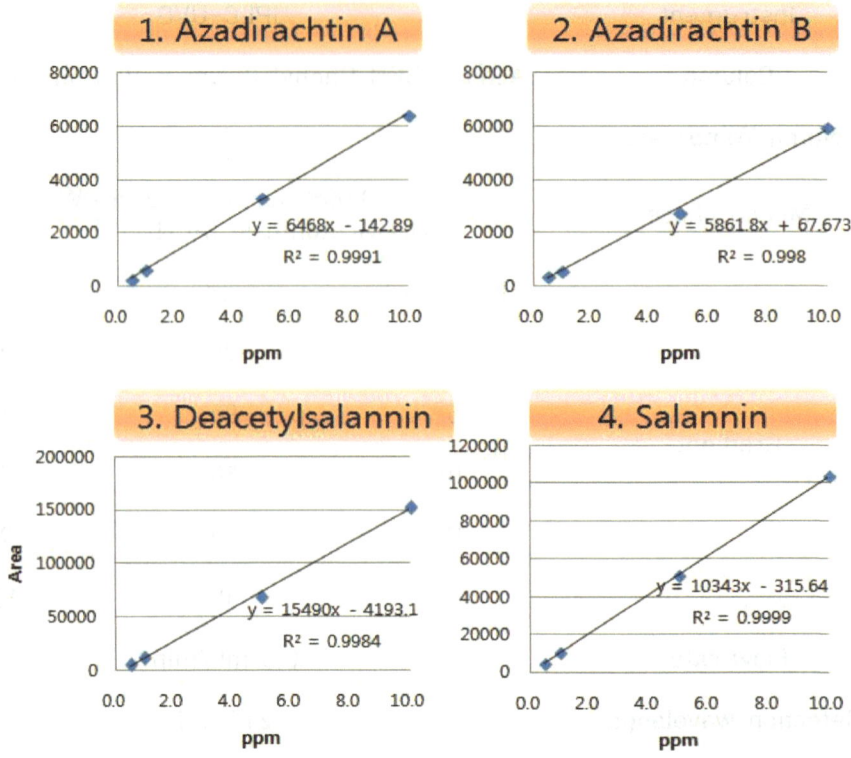

- 분석법의 검증
  - 님 추출물을 함유하지 않은 유기농업자재에 표준용액을 처리하여 회수율을 검증하였다.
  - LOD(Limit of detection; 검출한계)는 S/N비(Signal to noise ratio)가 3이 되는 농도를 정하였다.

주성분	Recovery rate(%)	RSD (%)	LOD (mg/L)
Azadirachtin A	82.2	3.8	0.24
Azadirachtin B	82.3	1.7	1.20
Deacetylsalannin	80.5	4.2	0.09
Salannin	105.0	3.1	0.10

2 고삼

1) 식물정보

고삼(*Sophora flavescens Solander ex Aiton*)은 콩과(*Leguminosae*)의 여러해살이풀이며 줄기는 둥글고 곧게 자라며 한 곳에서 몇 포기씩 무리를 지어 난다. 잎은 홀수깃꼴겹잎으로서 날개 모양으로 호생하며 가늘고 긴 계란모양 또는 타원형으로 끝은 가늘어진다. Matrine이 주요 성분으로 높이는 80~150 cm이며 잎은 녹색이지만 어릴 때는 검은 빛이 돈다.

약용 부위는 뿌리로서 그대로 또는 주피를 제거한 것인데 원기둥 모양이며 길이 5~20cm, 지름 2~3cm이다. 바깥면은 어두운 갈색~황갈색이며 세로 주름이 뚜렷하고 가로로 긴 껍질눈이 있다. 주피를 제거한 것은 황백색이며 꺾인 면은 약간 섬유성이다. 횡단면은 연한 황갈색이고, 피부는 두께 1~2mm이며 형성층 부근은 약간 어두운 색을 띠고, 목부와의 사이에는 때로 벌어진 틈새가 있다. 한방에서는 뿌리를 말린 것을 고삼이라 하는데 맛이 쓰고 인삼의 효능이 있어 뿌리를 꽃과 함께 소화불량, 신경통, 간염, 황달, 치질, 진통, 살충, 학질, 이뇨, 건위, 피부병, 설사, 해열, 구충제 처방한다. 또한 쓴맛이 강하기 때문에 고미건위제로도 사용하며 뿌리를 달인 액체는 머리를 감는데 쓰이거나 해충구제에 사용하기도 한다. 옻이나 옴 등의 피부병에 뿌리를 넣어 달인 물로 씻으면 좋다.

최근 국내의 식물추출물 친환경농자재에 이 뿌리나 종자를 이용한 제품이 늘어나고 있다. 고삼 뿌리, 가지와 잎의 물 추출물은 진딧물과 남부옥수수뿌리진딧물의 방제에 효과가 있다. 주요성분으로는 Alkaloid, d-matrine, d-oxymatrine, methylcytisine, sopho carpine, trifolirhizin, sophoraflavoside I, II, III, IV, flavonoid, luteolin-7-glucoside cytisine 등이 함유되었다.

〈출처〉
1) 농업기술길잡이 205 (유기농 쌀 생산. 2015.12.30., 농촌진흥청)
2) 유기재배농가에서 식물로 병해충 방제하기 p.15 (전라남도농업기술원)
3) 식품의약품안전평가원 생약연구 p.1 (고삼 한약재 품질표준화 연구사업단)

2) 주성분 정보

Matrine은 *Sophora* 속 식물에서 발견되는 알칼로이드로 항암 효과는 물론 다양한 약리학적 효과가 있다. Matrine은 체외 및 생체 내에서 강력한 항 종양 활성을 가지고 있으며, 세포 증식의 억제와 세포 사멸의 유도 방식으로 항 종양 활동을 한다. Matrine은 중국 전통 약초인 *Sophora flavescens Ait*의 성분이다. Matrine 및 관련 화합물 oxymatrine은 타이완 땅속 흰개미에 대하여 살충 효과가 있고, 소나무 재선충을 야기하는 소나무 선충 구제약으로도 쓰인다. 또한 matrine은 급성 간 손상으로 인한 뇌의 신경 염증 및 산화 스트레스를 완화하여 항 불안 및 항 우울 효과도 나타낸다.

Matrine의 산화물인 oxymatrine은 quinolizidine 알칼로이드 물질 중 하나로 중국 약초인 고삼 뿌리에서 추출한다. 산소 원자가 하나 적은 마트린과 구조가 매우 유사하며, 옥시마트린은 세포 사멸, 종양 및 섬유 조직 발달, 염증에 대한 보호를 포함하여 시험관 내 및 동물 모델에서 다양한 효과를 나타낸다.

고삼의 주요 2차 대사산물이며, 단리된 성분으로 손쉽게 구할 수 있는 matrine과 oxymatrine을 주성분으로 선정하였다.

물질명	분자식 (분자량)	이화학적 성질	특성
Matrine	$C_{15}H_{24}N_{20}$ (284.36)	- CAS 번호 519-02-8 - 무색의 분말 - 녹는점 77℃ - 끓는점 86℃	- 살충효과
Oxymatrine	$C_{15}H_{24}N_2O_2$ (264.369)	- CAS 번호 16837-52-8 - matrine 산화물	- 항균효과 - 살충효과

Matrine   Oxymatrine

〈고삼 주성분의 구조〉

3) 분석법

● 고삼 추출물 함유 유기농업자재의 분석 전처리 과정

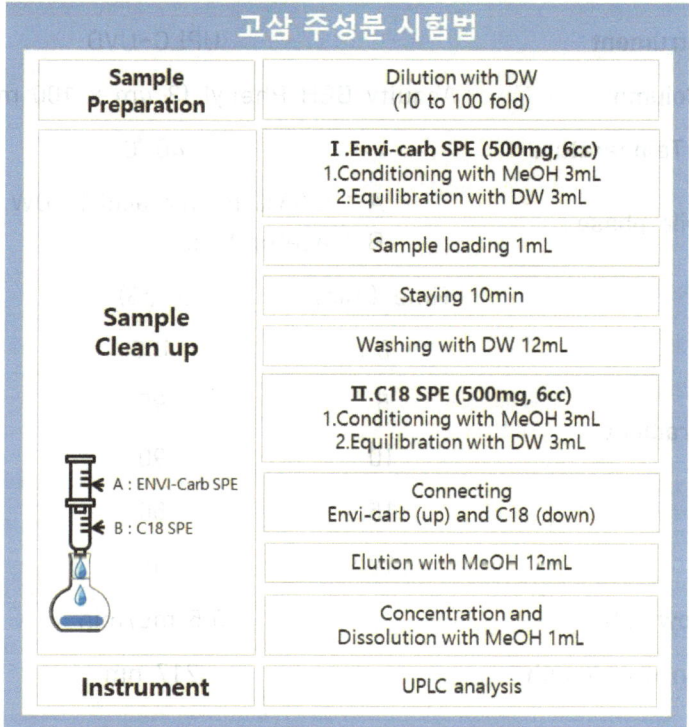

〈시료의 조제〉

- 액상 유기농업자재를 증류수로 10-100배 희석하여 정제용 시료를 준비한다.

〈시료의 정제〉

1. 정제에 사용할 ENVI-Carb 또는 이와 동등한 활성탄 카트리지(500mg)를 3 mL methanol과 3 mL 증류수로 씻어준다.
2. 정제용 시료 1 mL를 미리 준비한 ENVI-Carb 또는 이와 동등한 활성탄 카트리지에 주입한 다음 10분간 정치하고, 12 mL 증류수로 카트리지를 씻어준다.
3. 정제에 사용할 C18 카트리지 (500 mg)를 3 mL methanol과 3 mL 증류수로 씻어준다.
4. ENVI-Carb 카트리지와 C18 카트리지를 상하에 배치한 다음 12 mL의 methanol로 카트리지 내 분석용 시료를 용리 시킨다.
5. 정제된 시료는 농축 후, methanol에 재용해하여 LC-UVD로 기기분석을 실시한다.

UPLC-UVD 기기분석조건

- Phenyl (3 μm x 100 mm, 1.7 μm) 또는 이와 동등한 컬럼을 사용하여 LC-UVD로 분석한다.

Instrument	UPLC-UVD		
Column	Acquity BEH Phenyl (3 μm x 100 mm, 1.7 μm)		
Column Temperature	40 ℃		
Mobile phase	A : 0.05% formic acid in DW B : Acetonitrile		
Gradient	Time (min)	A (%)	B (%)
	0	100	0
	5	95	5
	10	90	10
	15	50	50
	17	0	100
Flow rate	0.5 mL/min		
Detection wavelength	217 nm		

UPLC-UVD 분석을 통한 고삼 주성분의 크로마토그램

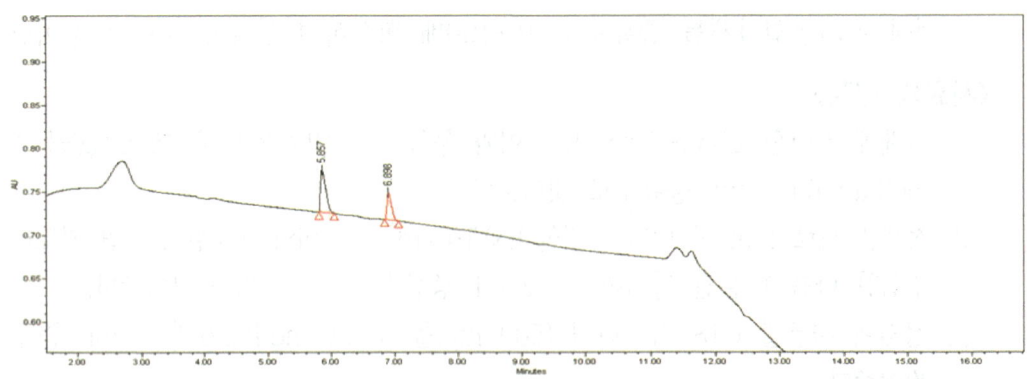

성분명	Matrine	Oxymatrine
RT (min)	5.857	6.898

고삼 주성분의 검량선
- 고삼 주성분 2종을 methanol에 녹여 표준용액을 제조하고 1~20 mg/L로 희석한 후 LC-UVD로 분석하여 검량선을 작성한다.

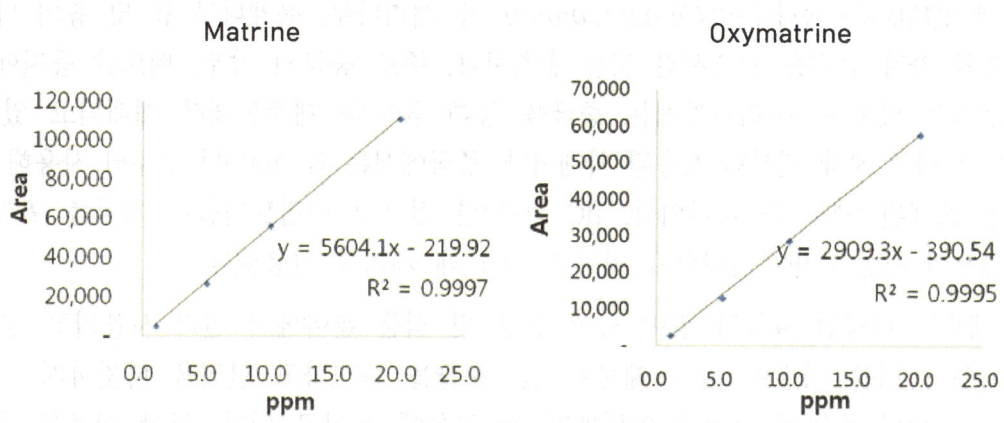

분석법의 검증
- 고삼 추출물이 함유되지 않은 유기농업자재에 10 mg/L 수준으로 표준용액을 처리하고 회수율을 검증하였다.
- LOD(Limit of detection; 검출한계)는 S/N비(Signal to noise ratio)가 3이 되는 농도를 정하였다.

주성분	Recovery rate(%)	RSD (%)	LOD (mg/L)
Matrine	105.0	5.1	0.016
Oxymatrine	103.6	5.9	0.226

3. 계피

1) 식물정보

계피(桂皮)는 녹나무속(*Cinnamoumum*) 중 계피나무, 육계나무 등 몇 종의 나무 줄기와 가지 껍질을 건조시킨 것을 총칭한다. 주로 중국의 남부, 베트남 등지에서 자생하고 있으며, 우리나라에는 중국을 통해 들어와 제주도에서 재배되고 있다. 계피는 아주 오래 전부터 사용된 약재이다. 중국에서는 약 4000년 전부터 사용해 온 가장 오래된 약재 중 하나이다. BC 2000년 전부터 이집트인들은 계피를 귀하게 여겼으며 시신을 방부처리하고 미라로 만들 때 계피를 사용했다.

계피는 다양한 효능과 향이 있어 한방 및 식품 분야에서 널리 사용되고 있다. 뜨거우며 매운 성질이 있기 때문에 혈액순환을 촉진하고 단전을 따뜻하게 하는 효능이 있어 손발이 차거나 아랫배가 찬 경우에 쓰이고 있다. 또한 식욕을 증진시키고 소화를 촉진하며 장내의 이상발효를 억제하는 방부효과도 있다. 식품분야에서도 계피는 향료로서 오래 전부터 사용되어 왔으며 후추, 정향과 함께 세계 3대 향신료 중 하나로 평가되고 있다. 계피유는 계피를 증류한 유상의 물질로서 특유의 향기 및 감미와 신미가 많다. 보통 계피는 과자나 케이크를 구울 때 향료로 사용하기도 하고 한국의 수정과 처럼 음료로 만들어서 마시기도 하며, 중동에서는 향이 나는 닭고기나 양고기 요리에 계피를 사용한다. 국제적으로 유통되고 있는 것은 실론 계피, 중국 계피 등으로 주로 말린 껍질을 이용하고 일부는 정유 원료로 이용된다.

계피에 대한 항균 효과, 항돌연변이 효과, 항암 효과 등 생리활성과 관련된 다양한 연구가 보고되고 있으며 독성이 낮아 농업 분야에서도 많이 이용되고 있다. 계피유는 진드기나 집벌레에 대해 살충 작용을 하며 모기의 유충인 장구벌레를 죽이는데도 효과가 크다고 알려져 있다. 이러한 이유로 계피는 님, 고삼 등에 이어 병·해충 관리용 유기농자재의 원료로 많이 사용되고 있는 식물이다. 현재 약 10여종 이상의 제품이 계피 추출물 또는 계피유를 원료로 하여 병해충관리용 유기농업 자재로 공시되어 있다.

2) 주성분 정보

계피에는 cinnam aldehyde, cinnamyl alcohol, salicyl aldehyde, eugenol, copaene 및 aromadendrene 성분들이 함유되어 있다. 이들 성분 중 GC-FID 기기 조건에서 분석 가능하고 계피의 고유성분이며 다량 함유되어 있고 살균 및 기피 효과가 있는 물질 중 cinnam aldehyde, cinnamyl alcohol를 주성분으로 선정하였다.

물질명	분자식 (분자량)	이화학적 성질	특성	함량 (계피유)
Cinnam aldehyde	C_9H_8O (132.15)	- 노란색의 오일성 액체 - 계피의 강한 향	- 알코올, 에테르, 클로로폼, 오일에 용해됨 - 항균 효과	84.9-87.6%
Cinnamyl alcohol	$C_9H_{10}O$ (134.17)	- 바늘 또는 결정형태	- 열과 빛, 공기에 노출되면 천천히 산화됨 - 물, 글리세롤에 용해되며 유기용매에 잘 녹음 - 항균 효과	0.04-0.41%

Cinnamaldehyde   Cinnamyl alcohol

〈계피 주성분의 구조〉

3) 분석법

● 계피 추출물 함유 유기농업자재의 분석 전처리 과정

	계피 주성분 시험법	
	<Solid sample>	<Liquid sample>
Sample Preparation	1. Sample 5g + Acetone 30mL 2. Extraction for 1 hr 3. Filtering and Concentration 4. Dissolution with Acetone 2 mL	Dilution with DW (100 fold)
Sample Clean up	HLB SPE (60mg, 3cc) 1. Conditioning with Acetone 2mL 2. Equilibration with DW 1mL	
	Sample loading 2mL	Sample loading 1mL
	Staying 10min	
		Washing with DW 2mL
	Elution with Acetone 6mL	
	Concentration and Dissolution with Acetone 5 mL	
Instrument	GC/FID analysis	

〈시료의 조제〉

1. 액상 유기농업자재를 증류수로 100배 희석하여 정제용 시료를 준비한다.
2. 고상 유기농업자재(5 g)를 acetone 30 mL를 사용하여 1시간 진탕 추출한 다음 여과 후 농축하고, 2 mL acetone으로 재용 하여 정제용 시료를 준비한다

〈시료의 정제〉

1. 정제에 사용할 HLB 카트리지(60 mg)를 2 mL acetone과 1 mL 증류수로 씻어준다.
2. 정제용 시료(액상 1 mL, 고상 2 mL)를 미리 준비한 HLB 카트리지에 주입한 후 10분간 정치하고, 액상의 경우 2 mL 증류수로 카트리지를 씻어준다.
3. HLB 카트리지에 2 mL의 acetone으로 3회 반복하여 분석용 시료를 용리시킨다.
4. 정제된 시료를 농축한 후 5 mL acetone으로 재용해하여 GC-FID로 정량분석을 실시한다.

- GC-FID 기기분석조건
  - RTX-5 (30 m × 0.25 mm, 0.25 ㎛) 또는 이와 동등한 컬럼을 사용하여 GC-FID로 분석한다.

Instrument	GC-FID			
Column	RTX-5 (30 m × 0.25 mm, 0.25 ㎛)			
Inlet Mode	Splitless			
Inlet Flow	1 mL/min (He)			
Inlet Temperature	230 ℃			
Injection Volume	1 ㎕			
Oven	#	Rate (℃/min)	Target Temp. (℃)	Hold time (min)
	Initial	-	70	2
	1	3	93	0
	2	30	130	0
	3	3.5	140	0
	4	40	300	0
Detector Temperature	300 ℃			
Detector Gas Flow	H_2 40 mL/min, Air 400 mL/min, He 6 mL/min			

- GC-FID를 통한 계피 주성분의 크로마토그램

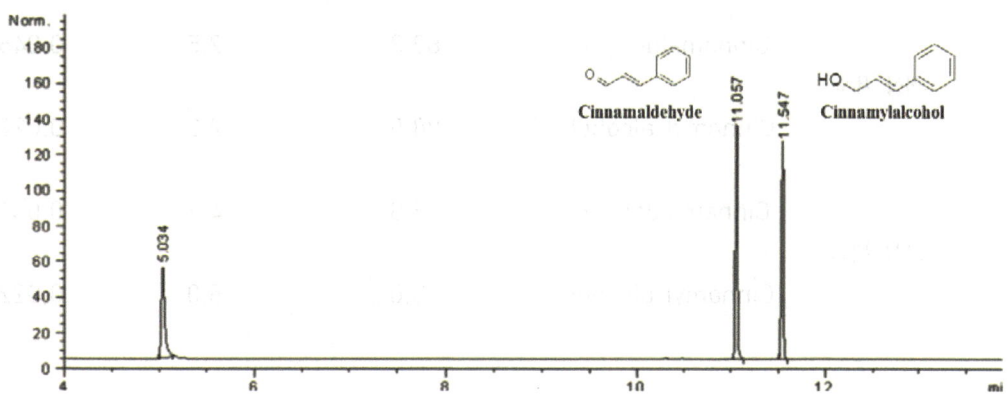

성분명	Cinnamaldehyde	Cinnamylalcohol
RT (min)	11.057	11.547

○ 계피 주성분의 검량선
- 계피 주성분 2종을 acetone에 녹여 표준용액을 제조하고 0.05~10 mg/L로 희석한 후 GC-FID로 분석하여 검량선을 작성한다.

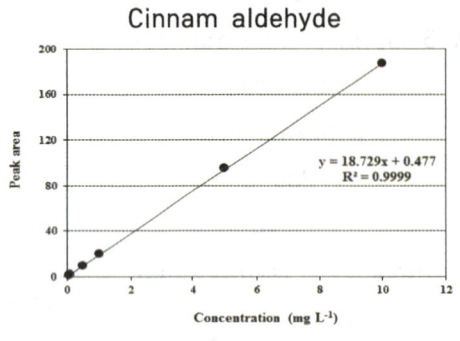 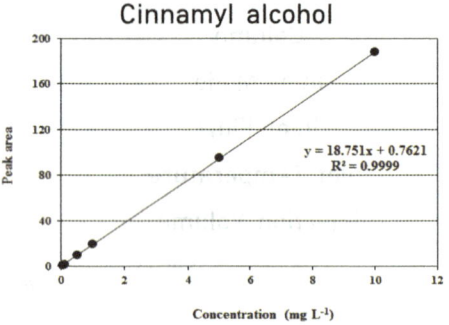

○ 분석법의 검증
- 계피 추출물이 함유되어 있지 않은 유기농업자재에 6 mg/L 수준으로 표준용액을 처리하여 회수율을 검증하였다.
- LOD(Limit of detection; 검출한계)는 S/N비(Signal to noise ratio)가 3이 되는 농도를 정하였다.

구분	주성분	Recovery rate (%)	RSD(%)	LOD (mg/L)
액상 제형	Cinnamaldehyde	89.3	2.5	0.046
	Cinnamyl alcohol	88.5	2.3	0.022
고상 제형	Cinnamaldehyde	92.8	4.7	0.046
	Cinnamyl alcohol	93.0	5.0	0.022

4 마늘

1) 식물정보

Garlic (*Allium sativum*)은 양파속(Allium)에 속하는 종으로, 그 가까운 친척으로는 양파, 샬롯, 부추, 골파가 있다(Block, 2010). 요리 및 의약 목적으로 사용되며 지중해 지역, 아시아, 아프리카 및 유럽에 널리 분포되어 있다(Simonetti, 1990; Ensminger, 1994).

마늘에는 황화물 및 시스테인 유도체와 같은 폴리페놀 및 황 화합물이 포함되어 있다. 이러한 성분은 항산화, 항혈전, 항암, 항균, 살선충 및 살충물질로 인식된다(Al-Delaimy and Ali, 1970; Kamanna and Chandrasekhara, 1983; Horie et al., 1992; Kyung, 2006; Nuttakaan et al., 2006; Anwar et al., 2009).

일반적으로 마늘 추출물은 농작물 해충에 대해 기피 효과가 있다. 마늘은 예방 차원으로 살포해야 하고 해충이 한 번 발생한 곳은 추출물을 뿌려도 효과를 보기 어렵다. 알리신과 알리인이 주요 성분이며 항세균, 항곰팡이, 살충 효과가 있지만 유용한 미생물과 곤충도 죽일 수 있으므로 유의해야 한다. 마늘유에 알콜성분을 섞을 경우 곰팡이와 세균에 더 큰 독성을 갖는다.

〈출처〉
1) 농업기술길잡이 205 (유기농 쌀 생산. 2015.12.30., 농촌진흥청)
2) 유기재배농가에서 식물로 병해충 방제하기 p.14 (전라남도농업기술원)

2) 주성분 정보

마늘의 고유 성분으로 살균, 살충 및 기피물질인 allicin, alliin, allylmethyl sulfide (AMS), allyl sulfide(AS), dipropyl sulfide(DPS), dimethyl disulfide (DMDS), diallyl disulfide (DADS) 및 diallyl trisulfide(DATS)를 주성분 후보물질로 하여 GC-FID로의 분석 가능성을 조사하였다. 이들 주성분 후보물질 중 GC-FID 기기 조건에서 분석이 가능한 dimethyl disulfide(DMDS), diallyl disulfide (DADS) 및 diallyl trisulfide(DATS)를 주성분으로 선정하였다.

물질명	분자식 (분자량)	성 질	특 성	함량
Dimethyl disulfide	$C_2H_6S_2$ (94.2)	- 노란색 액체	- 수용해도 : 2.5 g/L - 항균, 살충, 제초 효과	
Diallyl trisulfide	$C_6H_{10}S_3$ (178.34)	- 노란색 액체	- 알리신의 분해로 생성되어짐 - 항균 효과	30.2~33.7%
Diallyl disulfide	$C_6H_{10}S_2$ (146.27)	- 노란색 액체 - 물에 불용	- 알리신의 분해로 생성되어짐 - 에탄올과 오일에 용해됨 - 수용해도: 2.5 g/L - 항균 효과	36.6~44.4%

Dimethyl disulfide   Diallyl trisulfide   Diallyl disulfide

〈마늘 주성분의 구조〉

3) 분석법

- 마늘 추출물 함유 유기농업자재의 분석 전처리 과정

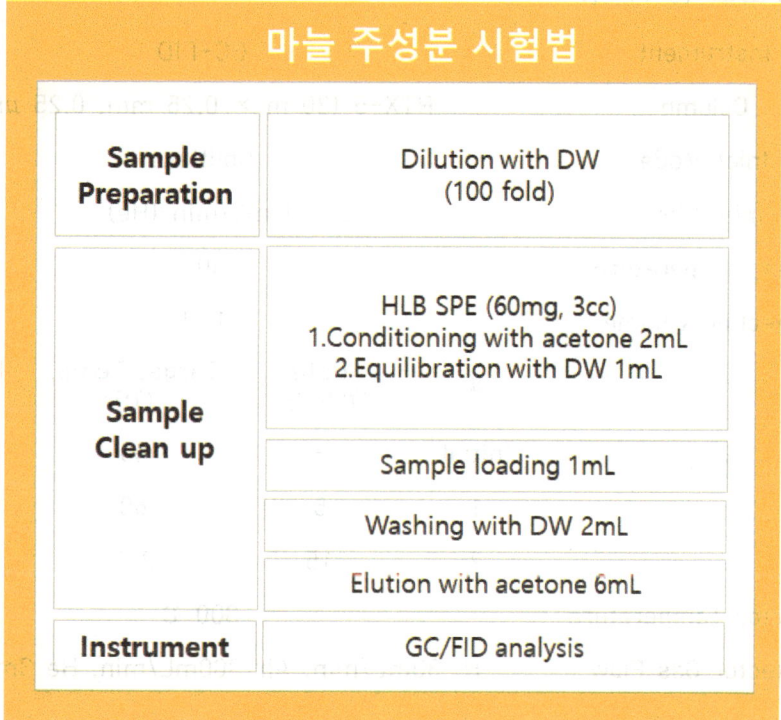

〈시료의 조제〉
- 유기농업자재를 증류수로 100배 희석하여 정제용 시료를 준비한다.

〈시료의 정제〉
1. 정제에 사용할 HLB 카트리지(60 mg)를 2 mL acetone과 1 mL 증류수로 씻어준다.
2. 정제용 시료 1 mL를 미리 준비한 HLB 카트리지에 주입하고, 10분간 정치 후 2mL 증류수로 카트리지를 씻어준다.
3. HLB 카트리지에 6 mL의 acetone으로 분석용 시료를 용리시킨다.
4. 정제된 시료는 GC-FID로 기기분석을 실시한다.

GC-FID 기기분석조건

- RTX-5 (30 m × 0.25 mm, 0.25 μm) 또는 이와 동등한 컬럼을 이용하여 GC-FID로 분석한다.

Instrument	GC-FID			
Column	RTX-5 (30 m × 0.25 mm, 0.25 μm)			
Inlet Mode	Splitless			
Inlet Flow	1 mL/min (He)			
Inlet Temperature	230 ℃			
Injection Volume	1 μL			
Oven	#	Rate (℃/min)	Target Temp. (℃)	Hold time (min)
	Initial	-	40	8
	1	5	60	0
	2	15	230	1
Detector Temperature	300 ℃			
Detector Gas Flow	H_2 30mL/min, Air 300mL/min, He 3mL/min			

GC-FID 분석을 통한 마늘 주성분의 크로마토그램

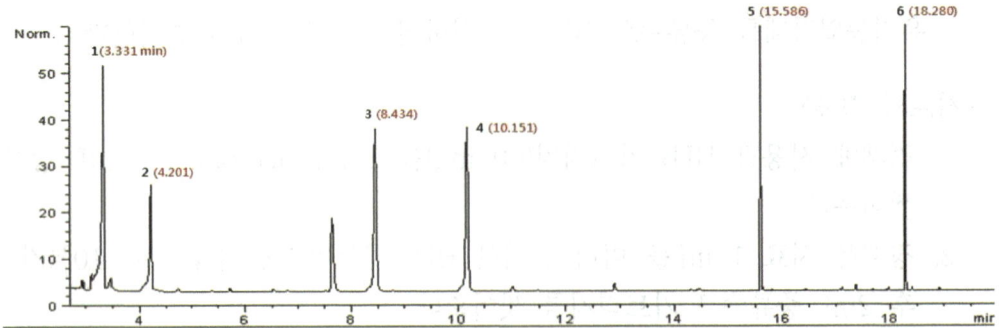

1: allylmethyl sulfide, 2: dimethyl disulfide, 3: allyl sulfide, 4: dipropyl sulfide, 5: diallyl disulfide, 6: diallyl trisulfide

성분명	Dimethyl disulfide	Diallyl disulfide	Diallyl trisulfide
RT (min)	(2) 4.201	(5) 15.586	(6) 18.280

● 마늘 주성분의 검량선
  - 마늘 주성분 3종을 acetone에 녹여 표준용액을 제조하고 0.5~25 mg/L로 희석한 후 GC-FID로 분석하여 검량선을 작성한다.

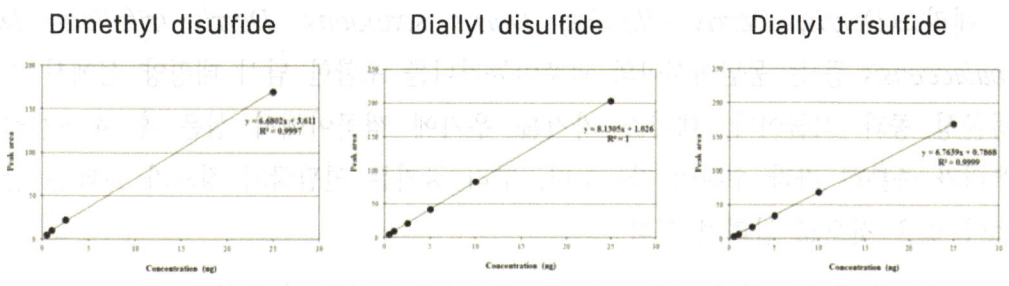

● 분석법의 검증
  - 마늘 추출물이 함유되어 있지 않은 유기농업자재에 1 mg/L 수준으로 표준용액을 처리하고 회수율을 검증하였다.
  - LOD(Limit of detection; 검출한계)는 S/N비(Signal to noise ratio)가 3이 되는 농도를 정하였다.

주성분	Recovery rate (%)	RSD (%)	LOD (mg/L)
Dimethyl disulfide	80.603	2.706	0.093
Diallyl disulfide	84.783	0.964	0.032
Diallyl trisulfide	73.057	0.833	0.003

5 데리스

1) 식물정보

데리스(*Derris, Derris elliptica, Derris scandens, Derris trifoliata, Derris malaccensis* 등)는 동남아시아와 파푸아뉴기니를 포함한 남서 태평양 섬에서 자라는 덩굴성 콩과 식물이다. 데리스 가지를 우기에 꺾꽂이해서 심은 후 4~5개월이면 뿌리가 충분히 자라 수확이 가능하다. 뿌리 굵기는 연필굵기 정도가 로테논 함량이 높아 좋은 것으로 알려져 있다.

데리스 뿌리에는 강한 살충성분으로 물고기에 독성을 나타내는 로테논(rotenone)이 함유되어 있다. 또한 데리스 분말 또는 튜바 루트(tuba root)라고도 알려진 데리스는 완두콩의 해충을 제어하기 위해 유기 살충제로 사용되기도 하였다. 데리스 뿌리를 으깨면 로테논이 나오는데 피지와 뉴기니의 일부 원주민들은 으깬 뿌리를 물에 뿌려 기절하거나 죽은 물고기를 잡기도 한다. 인도네시아에서는 데리스 뿌리를 튜바(tuba)라고 부른다.

데리스 추출물의 주요 활성성분은 로테논이다. 이 성분은 *Derris* 뿐만 아니라 *Lonchocarpus, Tephrosia, Amorpha* 속 등 콩과 식물의 뿌리, 줄기, 잎에도 존재한다. 데리스 추출물에는 로테논과 함께 데구엘린(deguelin), 테프로신(tephrosin) 등도 들어 있다. 상업적으로 중요한 데리스 *Derris elliptica*와 *D. malaccensis*에는 보통 4% (w/w)에서 5% (w/w) 가량의 로테논이 함유되어 있다. 로테논은 곤충과 어류에 독성이 매우 강하지만 식물과 포유류에는 상대적으로 독성이 약한 편으로 진딧물, 딱정벌레, 총채벌레, 진드기, 애벌레 등에 효과가 있다.

여러 가지 연구를 통해 정제된 데리스 분말에 로테논의 농도가 높고, 로테논의 독성이 매우 강하다는 점이 알려져 왔기 때문에 생태학자나 유기농 전문가들은 데리스가 생태학적으로 완전히 좋은 물질이라고 하지는 않는다. 그러나 현재 미국 또는 세계적으로 유기농업에 많이 사용되고 있다.

2) 주성분 정보

데리스의 주성분으로 isoflavonoid계열 화합물인 rotenone 및 deguelin 2종을 주성분으로 설정하였다. Rotenone 만을 단독 주성분으로 설정할 경우 불법첨가에 의한 부적절한 사례가 우려되므로 2종의 isoflavonoid계 화합물을 주성분으로 분석하였다.

물질명	분자식 (분자량)	이화학적 성질	특성	함량
Rotenone	$C_{23}H_{22}O_6$ (394.42)	- 결정형태 - 녹는점: 159-164℃ - 끓는점: 210-220℃ - 밀도: 1.270 g/cm3 (20℃)	- DMSO, ethanol에 용해됨 - 살충효과	4-5%
Deguelin	$C_{23}H_{22}O_6$ (394.42)	- 백색, 베이지색 분말 - 녹는점: 85-87℃	- DMSO, ethanol에 용해됨	

Rotenone   Deguelin

〈데리스 주성분의 구조〉

3) 분석법

● 데리스 추출물 함유 유기농업자재의 분석 전처리 과정

데리스 주성분 시험법	
Sample Preparation	Dilution with DW (10 fold)
	Extraction : Sample 1mL+DW 50mL +DCM 20mL x 3
	Concentration and Dissolution with 5% MeOH in DW 2mL
Sample Clean up	HLB SPE (60mg, 3cc) 1.Conditioning with MeOH 2mL 2.Equilibration with DW 2mL
	Sample loading 2mL
	Staying 10 min
	Washing with 5% MeOH 2mL
	Elution with MeOH 2mL
	Concentration and Dissolution with MeOH 1mL
Instrument	UPLC analysis

〈시료의 조제〉
- 액상 유기농업자재를 증류수로 10배 희석하여 정제용 시료를 준비한다.

〈시료의 정제〉
1. 정제용 시료 1 mL를 50 mL 증류수에 넣은 후 dichloromethane 20 mL씩 3회 사용하여 액액 분배한다.
2. Dichloromethane 층을 합하여 감압 농축한 다음 5% methanol 수용액 2 mL로 용해한다.
3. 정제에 사용할 HLB 카트리지 (60 mg)를 2 mL methanol과 2 mL 증류수로 씻어준다.
4. 용해한 시료 2 mL를 미리 준비한 HLB 카트리지에 주입하고, 10분간 방치 후 5% methanol 수용액 2 mL로 카트리지를 씻어준다.
5. HLB 카트리지에 2 mL의 methanol로 분석용 시료를 용리시킨다.
6. 정제된 시료는 농축 후, methanol로 재용해하여 LC-UVD로 기기분석을 실시한다.

● UPLC-UVD 기기분석조건

- C18 (2.1 × 100 mm, 1.7 μm) 혹은 이와 동등한 컬럼을 사용하여 UPLC-UVD로 분석한다.

Instrument	UPLC-UVD		
Column	Acquity BEH C18 (2.1 × 100 mm, 1.7 μm)		
Column Temperature	40℃		
Mobile phase	A : 0.05% formic acid in DW, B : Acetonitrile		
Mobile phase	Time (min)	A (%)	B (%)
	0	55	45
	10	55	45
	13	0	100
	15	0	100
	17	55	45
Injection volume	5 μL		
Flow rate	0.5 mL/min		
Detection wavelength	295 nm		

● UPLC-UVD 분석을 통한 데리스 주성분의 크로마토그램

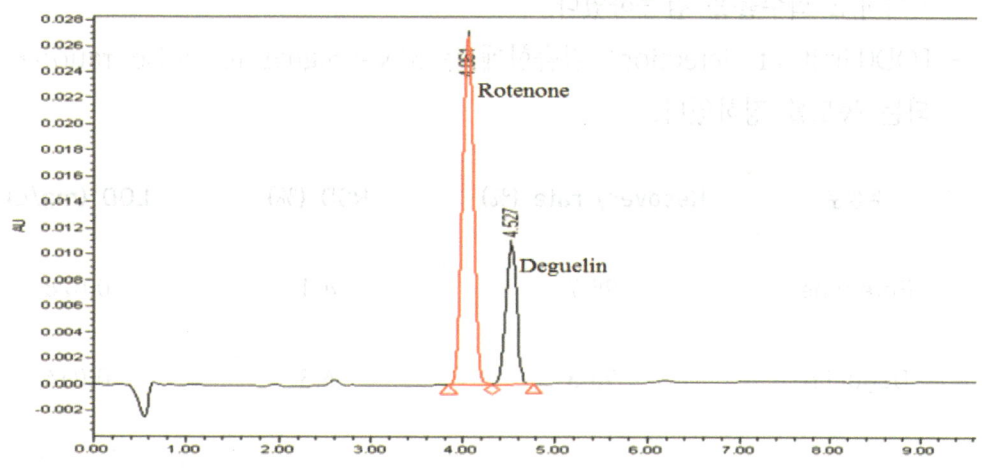

성분명	Rotenone	Deguelin
RT (min)	4.061	4.527

- 데리스 주성분의 검량선
  - 데리스 추출물을 함유하지 않은 유기농업자재에 4 mg/L 수준으로 표준용액을 처리하고 회수율을 검증하였다.

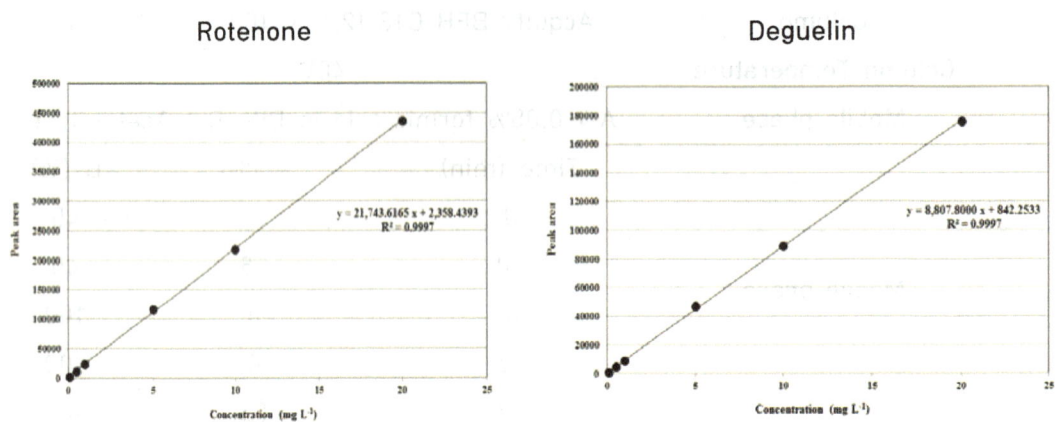

- 분석법의 검증
  - 데리스 추출물을 함유하지 않은 유기농업자재에 4 mg/L 수준으로 표준용액을 처리하고 회수율을 검증하였다.
  - LOD(Limit of detection; 검출한계)는 S/N비(Signal to noise ratio)가 3이 되는 농도를 정하였다.

주성분	Recovery rate (%)	RSD (%)	LOD (mg/L)
Rotenone	95.7	4.1	0.028
Deguelin	93.3	6.3	0.014

6 피마자

1) 식물정보

피마자(*Ricinus communis L.*,)는 대극과(Euphorbiaceae) 식물로 열대 아프리카 원산지이며 전 세계의 온대지방에서 널리 재배되고 있다. 원산지에서는 나무처럼 단단하게 자라는 여러해살이풀로서 가지가 나무와 같이 갈라지며 줄기는 원기둥 모양이다. 높이는 2 m로 잎은 어긋나기하고 엽병이 길며 방패 같고 지름은 30~100 cm이다. 장상으로 5~11개로 갈라지며 열편은 달걀 모양이고 끝이 뾰족하며 표면은 녹색 또는 갈색이 돌고 털이 없으며 가장자리에 예리한 톱니가 있다. 꽃은 8~9월에 원줄기 끝에 길이 20 cm 정도의 총상꽃차례가 달리고 일가화로 연한 황색, 연한 홍색이며 수꽃은 밑부분에 달리며 수술대가 잘게 갈라지고 막질이며 꽃밥이 있고 화피열편은 5개이다. 암꽃은 윗부분에 모여 달리고 5개의 화피열편과 1개의 씨방이 있으며 털이 있고 3실이며 3개의 암술대가 끝에서 다시 2개로 갈라진다. 열매는 삭과로 3실이고 대개 겉에 기시가 나며 각 실에 종자가 1개씩 들어있다. 우리나라 각처에서 재배(분포)하고 1년생 초본으로 알려져 있으나 열대 지방인 베트남과 브라질 등지에서 다년생의 목본형임이 확인되었다.

종자는 타원형으로 밋밋하며 짙은 갈색 점이 있어 마치 새알과 같고, ricinine이 들어 있다. 종자에 34~58%의 기름이 들어 있는데, 불건성유이고 점도가 매우 높으며 열에 대한 변화가 적고 응고점이 낮다. 피마자 식물의 고유성분으로 살충활성을 가지고 있는 ricinine은 피마자의 잎에 건조 중량으로 1.005%, 씨앗껍질에 0.568%, 피마자박에 0.451%, 줄기에 0.429%, 종자에 0.235% 수준으로 함유되어 있는 것으로 알려져 있다(Liu et al., 2013). Ricinoleic acid는 불포화지방산의 한 종류로 피마자유 중 70~94.9% 수준으로 함유되어 있는 것으로 보고되고 있다(Jumat S. et al., 2010).

피마자유는 설사약·포마드·도장밥·공업용 윤활유로 쓰고, 페인트·니스를 만들거나 인조가죽과 프린트 잉크 제조, 약용, 친환경농자재 등으로도 사용된다.

〈출처〉 국가생물종지식정보시스템

2) 주성분 정보

피마자유에는 ricinoleic acid가 다량 함유되어 있으며 실온에서 안정하다고 알려져 있어 피마자유 판정용으로 ricinoleic acid를 설정하였다. **피마자 주정 추출물**의 주성분은 알칼로이드(Alkaloid) 계열 1종[리시닌(Ricinine)]으로 하고, **피마자 오일의** 주성분은 지방산 계열 1종 [리시놀레산(Ricinoleic acid)]으로 하여야 한다.

Ricinine	Ricinoleic acid
- 주정추출물 판정용 - 피마자 식물 고유성분 - 살충활성	- 피마자유 판정용 - 피마자유 주성분 - 실온에서 안정
* 참고 피마자 식물 부위별 ricinine 함량	* 참고 피마자유 중 ricinoleic acid 함량

부위	Ricinine함량 (% D.W.)
잎	1.005
씨앗껍질	0.568
피마자박	0.451
줄기	0.429
종자	0.235

Reference	Ricinoleic acid 함량
Gupta et al. 1951	89.2-94.9%
Foglia et al. 2000	70-90%
Puthli et al. 2006	87-90%
Ogunniyi 2006	89% 이상
Conceicao et al. 2007	90.2%

Ricinine   Ricinoleic acid

〈피마자 주성분의 구조〉

3) 분석법

● 리시닌 분석 전처리 과정

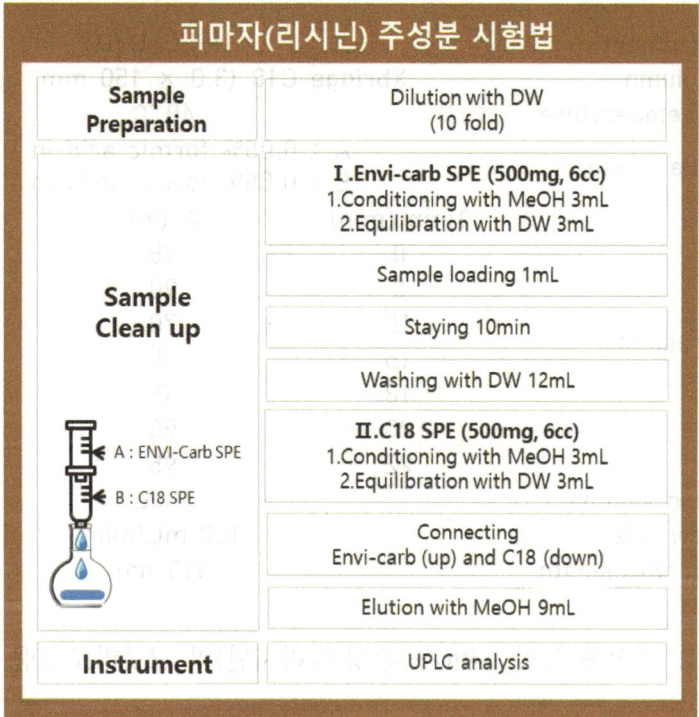

〈시료의 조제〉
- 액상 유기농업자재를 증류수로 10배 희석하여 정제용 시료를 준비한다.

〈시료의 정제〉
1. 정제에 사용할 ENVI-Carb 카트리지 (500 mg)를 3 mL methanol과 3 mL 증류수로 씻어준다.
2. 정제용 시료(1 mL)를 미리 준비한 ENVI-Carb 카트리지에 주입하고, 10분간 정치한 후, 12 mL 증류수로 카트리지를 씻어준다.
3. 정제에 사용할 C18 카트리지 (500 mg)를 3 mL methanol과 3 mL 증류수로 씻어준다.
4. ENVI-Carb 카트리지와 C18 카트리지를 상하에 배치한 다음 3 mL의 methanol로 3회 반복하여 분석용 시료를 용리시킨다.
5. 정제된 시료는 농축한 후, methanol에 재용해하여 LC-UVD로 기기분석을 실시한다.

● 리시닌의 UPLC-UVD 기기분석조건

- C18 (3.0 x 150 mm, 3.5 μm) 혹은 이와 동급 칼럼을 사용하여 LC-UVD로 분석한다.

Instrument	UPLC-UVD
Column	Xbridge C18 (3.0 × 150 mm, 3.5 μm)
Column Temperature	40 ℃
Mobile phase	A : 0.05% formic acid in DW B : 0.05% formic acid in ACN
Gradient	Time (min) / A (%) / B (%) 0 / 95 / 5 5 / 90 / 10 10 / 70 / 30 15 / 0 / 100 18 / 0 / 100 20 / 95 / 5 22 / 95 / 5
Injection volume	5 μL
Flow rate	0.2 mL/min
Detection wavelength	313 nm

● UPLC-UVD 분석을 통한 피마자 주성분(리시닌)의 크로마토그램

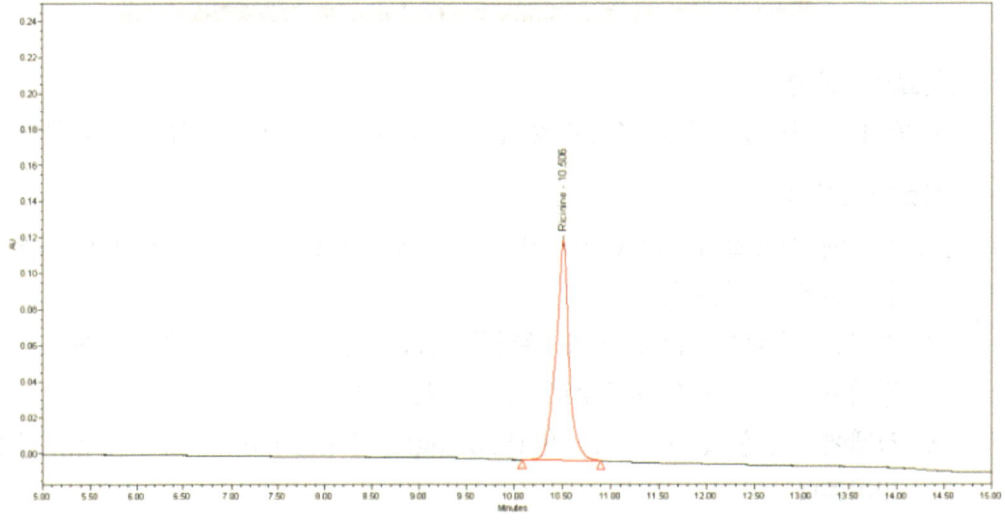

성분명	Ricinine
RT (min)	10.506

● 피마자 주성분(리시닌) 표준품의 검량선
  - 리시닌을 methanol에 녹여 표준용액을 제조하고 0.1~20 mg/L로 희석한 후 LC-UVD로 분석하여 검량선을 작성한다.

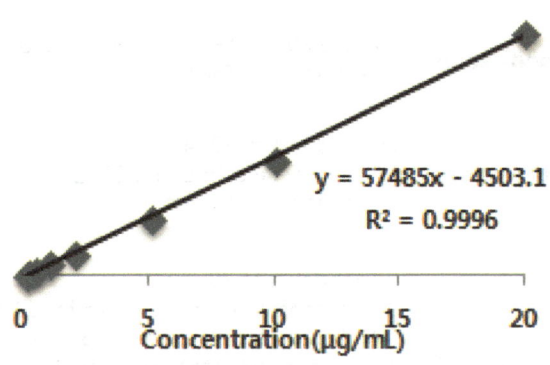

● 리시닌 분석법의 검증
  - 증류수와 20% tween 20 용액, 피마자 추출물이 함유되어 있지 않은 유기농업자재에 대해 회수율을 검증하였다.
  - LOD(Limit of detection; 검출한계)는 S/N비(Signal to noise ratio)가 3이 되는 농도를 정하였다.

시료	처리수준 (mg/L)	Recovery rate (%)	RSD (%)	LOD (mg/L)
증류수	10	87.7	5.4	0.1
20% Tween 20	10	90.8	0.5	
유기농업자재	10	91.4	9.0	
	100	77.6	5.7	

● 리시놀레산 분석 전처리 과정

\multicolumn{2}{c}{피마자(리시놀레산) 주성분 시험법}	
Sample Preparation	Sample 20mg + Isooctane 1mL
Saponification	1. Add 0.5N NaOH in MeOH 1.5mL & Shake 2. Heat at 100℃ for 5min
Methylation	1. Cool down to 30~40℃ 2. Add isooctane 1mL, 14% BF_3 2mL & Shake 3. Heat at 100℃ for 5min
Extraction	1. Cool down to 30~40℃ 2. Add isooctane 1mL & Shake for 30 sec 3. Add saturated NaCl 5mL & Shake 4. Transfer supernatant in 15 mL tube 5. Add Na_2SO_4 anhydrous & Shake 6. Add isooctane 1.5mL in the rest of water layer : 2~3 repeat
	1. N_2 Dry of isooctane layer 2. Elution with DCM 5mL 3. Dilution 10000 fold
Instrument	GC/FID or GC/MS analysis

〈시료의 조제〉

- 유기농업자재 20 mg에 isooctane 1 mL을 첨가하여 반응용 시료를 준비한다.

〈시료의 반응〉

1. 반응용 시료에 0.5 N NaOH (in methanol) 1.5 mL을 첨가하고 질소를 불어 넣은 후 즉시 뚜껑을 닫고 혼합한다.
2. 100℃에서 5분간 가온한다.
3. 30~40℃로 냉각하여 isooctane 1 mL과 14% BF3 2 mL을 첨가하고 질소를 불어넣은 후 혼합한다.
4. 100℃에서 2분간 가온한다.

〈시료의 추출 및 농축〉

1. 30~40℃로 냉각하여 isooctane 1 mL을 첨가하고 질소를 불어넣은 후 30초간 격렬하게 진탕한다.
2. 포화식염수 5 mL를 가하고 질소를 불어넣은 후 진탕한다.
3. 냉각한 후 수층으로 분리된 isooctane 층을 무수황산나트륨으로 탈수시킨다.
4. 수층에 isooctane 1.5 mL를 추가로 넣고 2-3회 추출한다.
5. Isooctane 층을 농축하고, dichloromethane 5 mL로 재용해 한 후 10,000배 희석하여 GC-FID 또는 GC-MS로 기기분석을 실시한다.

● 리시놀레산의 GC-TOFMS 기기분석조건
- SP-2330 (30 m x 0.25 mm, 0.20 μm) 혹은 이와 동급 칼럼을 사용하여 GC-MS로 분석함

Instrument	GC-TOFMS			
Column	SP-2330 (30 m x 0.25 mm, 0.20 μm)			
Inlet Mode	Splitless			
Inlet Flow	1 mL/min (He)			
Inlet Temperature	240 ℃			
Injection Volume	1 μL			
Oven	#	Rate (℃/min)	Target Temp. (℃)	Hold time (min)
	Initial	-	100	3
	1	20	240	20
Ionization mode	EI			
Ion source temp	230℃			
Scan range	m/z 50-500			
Quantitation ion	m/z 166 (Methyl ricinoleate)			

● GC-TOFMS 분석을 통한 피마자 주성분(메틸 리시놀레산)의 크로마토그램

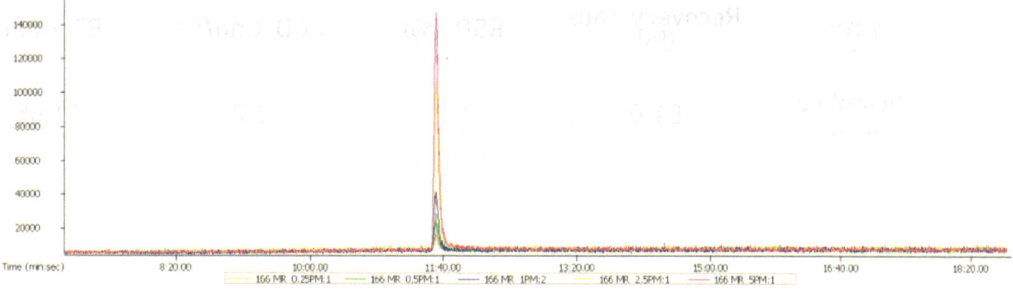

● 검량선의 작성
  - 메틸리시놀레산을 dichloromethane에 녹여 0.25 ~ 20 mg/L로 제조한 표준용액을 GC-MS로 분석하여 검량선을 작성한다. 검출량은 다음 식과 같이 계산한다.

  (환산식)

  $$검출량(mg) = \frac{메틸리시놀레산 검출농도(mg) \times 최종시료부피(mL)}{1,000} \times 회석배수 \times 지방산 전환계수$$

  ※ 지방산 전환계수에 0.9551을 대입한다.

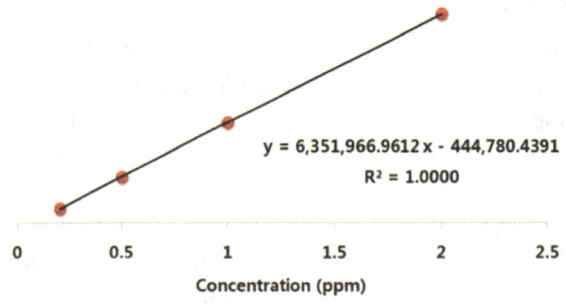

Calibration curve of Methyl Ricinoleate
y = 6,351,966.9612 x - 444,780.4391
R² = 1.0000

● 분석법의 검증
  - 유기농업자재 대신 ricinoleic acid 표준용액 10 mg에 isoocatane 1 mL를 첨가하여 회수율을 검증하였다.
  - LOD(Limit of detection; 검출한계)는 S/N비(Signal to noise ratio)가 3이 되는 농도를 정하였다.

주성분	Recovery rate (%)	RSD (%)	LOD (mg/L)	RT (min)
Ricinoleic acid	81.0	6.2	0.2	11.65

7 정향

1) 식물정보

정향(*Eugenia caryophyllata Thunb.*)은 도금양과(*Myrtaceae*)에 속하는 상록 소교목의 꽃으로 9월에 피며 꽃봉오리의 길이는 9~12 mm 이다. 맛은 맵고 약성은 따뜻하여 독성이 없다(Wuik et al. 1994).

정향에는 방향유 성분이 무려 20%에 달하기 때문에 향의 강력함으로는 향신료 중 최상급이다. 이 때문인지 고기와 관련된 서양 요리에 자주 쓰이고, 카레의 강한 맛의 필수 요소이다. 정향은 중국 오향장육, 제과제빵의 향신료, 심지어 살균과 방부 효과가 있어서 필터의 재료로 사용하기도 하고 오이피클에도 쓰인다. 오이피클을 먹었을 때 시큼한 냄새와 함께 밀려오는 싸한 향이 바로 정향을 사용했기 때문이다. 정향의 방부 효과와 살균 기능을 이용하여 우리나라에서도 오래전부터 약으로 쓰였는데 실사하고 입맛이 없을 때, 딸국질, 소화장애, 무릎과 허리가 시리고 아픈 데, 회충증 등에 쓰였다고 동의보감에 기록되어 있다. 요즘에는 모기기피제와 액상 소화제 등의 의약품의 원료로도 쓰인다.

정향은 그 특유의 강한 향 때문에 식품의 향신료뿐만 아니라 화장품 및 의약품 등의 산업에서 방향성 소재로서 널리 이용되고 있으며, 정향추출물은 강한 항산화(Dong et al. 2004), 항균(Lee et al. 2004), 항바이러스(Kang et al. 1999), 항스트레스(Singh et al. 2009) 등 여러 생리적 작용을 지니고 있어 천연의 기능성 소재로서 크게 각광을 받고 있다. 또한 정향의 주된 향기성분인 eugenol의 항산화(Ito et al. 2005), 항염증(Öztüurk et al 2005), 항암(Kaur et al. 2010), 항균(Wang et al. 2010), 항알레르기 효과(Kim et al. 1996)에 관해 보고된 바 있다.

2) 주성분 정보

정향오일 또는 추출물에는 eugenol이 57-95%, β-caryopyllene이 1.7-32%, α-humulene이 0.6-5% 수준으로 함유되어 있는 것으로 보고되어있다(Omidbeygi et al 2007; Mahmoud et al. 2007; Lee et al. 2001; Gonzalex-Rivera et al. 2015). 또한 이들 성분은 *Escherichia coli, Staphylococcus aureus, Listeria monocytogenes, Lactobacillus sakei* 등 여러 세균이나 효모, 곰팡이 등에 항균 효과가 있다고 알려져 있다(Mahmoud et al. 2007; Gill et al. 2004).

따라서 정향 추출물 함유 유기농업자재 중 품질관리를 위한 주성분으로 eugenol, β-caryophyllene, α-humulene 성분을 선정하여 이를 정량하기 위한 분석법을 개발하였다.

물질명	분자식 (분자량)	이화학적 성질	특성	함량
Eugenol	$C_{10}H_{12}O_2$ (164.20)	- Phenylpropene - 무색 또는 담황색의 오일성 액체 - 물에 녹지 않음 - 알코올 등 유기용매에 녹음	- 항균효과 - 향수, 마취제 - 방부제로 사용	57-95%
β-Caryophyllene	$C_{15}H_{24}$ (204.36)	- Bicyclic susquiterpene	- 항균효과	1.7-32%
α-Humulene	$C_{15}H_{24}$ (204.36)	- Monocylclic susquiterpene - α-Caryophyllene - 옅은 황녹색의 액체 - 휘발성 유기화합물	- 항균효과 - 흡 냄새	0.6-5%

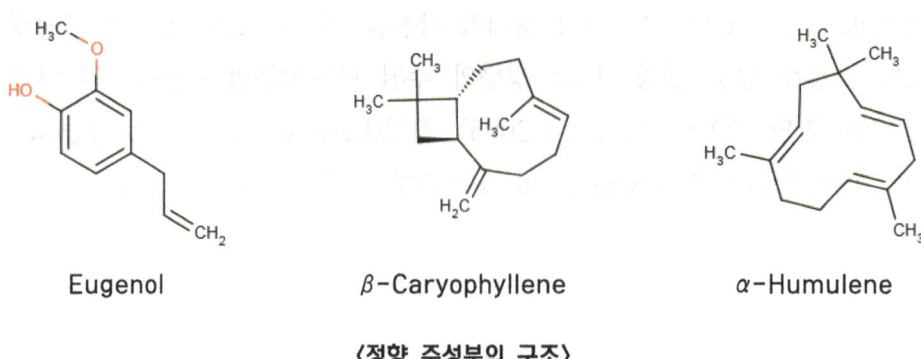

〈정향 주성분의 구조〉

3) 분석법

- 정향 추출물 함유 유기농업자재의 분석 전처리 과정

정향 주성분 시험법

Sample Preparation	Dilution with DW (10 fold)
Sample Clean up	HLB SPE (60mg, 3cc) 1. Conditioning with acetone 2mL 2. Equilibration with DW 1mL
	Sample loading 1mL
	Staying 10 min
	Washing with DW 2mL
	Elution with acetone 6mL
Instrument	GC/FID analysis

〈시료의 조제〉

- 유기농업자재를 증류수로 10배 희석하여 정제용 시료를 준비한다.

〈시료의 정제〉

1. 정제에 사용할 HLB 카트리지(60 mg)를 2 mL acetone과 1 mL 증류수로 씻어준다.
2. 정제용 시료 1 mL를 미리 준비한 HLB 카트리지에 주입하고, 10분간 정치 후 2 mL 증류수로 카트리지를 씻어준다.
3. HLB 카트리지에 6 mL의 acetone으로 분석용 시료를 용리시킨다.
4. 정제된 시료는 GC-FID로 기기분석을 실시한다.

● GC-FID 기기분석조건

- DB-5 (30 m×0.25 mm I.D. x 0.25 ㎛) 혹은 이와 동등한 컬럼을 사용하여 GC-FID로 분석한다.

Instrument	GC-FID			
Column	DB-5 (30 m×0.25 mm I.D. x 0.25 ㎛ thickness)			
Inlet Mode	Splitless			
Inlet Flow	1 mL/min (He)			
Inlet Temperature	250℃			
Injection Volume	1 ㎕			
Oven	#	Rate (℃/min)	Target Temp. (℃)	Hold time (min)
	Initial	–	100	0
	1	15	150	2
	2	2	170	0
	3	40	290	3
Detector Temperature	300 ℃			
Detector Gas Flow	H_2 30mL/min, Air 350mL/min, He 30mL/min			

● GC-FID 분석을 통한 정향 주성분의 크로마토그램

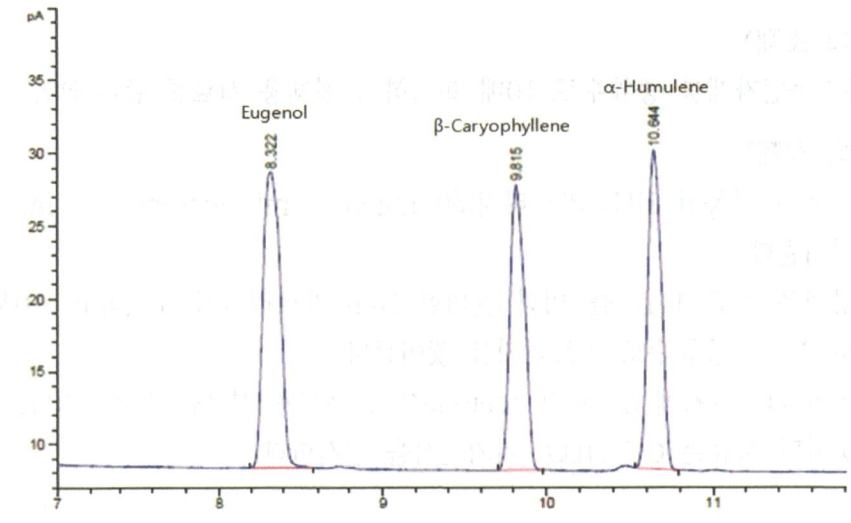

성분명	Eugenol	β-Caryophyllene	α-Humulene
RT (min)	8.322	9.815	10.644

● 정향 주성분의 검량선
  - 정향 주성분 3종을 acetone에 녹여 표준용액을 제조하고 1~50 mg/L로 희석한 후 GC-FID로 분석하여 검량선을 작성한다.

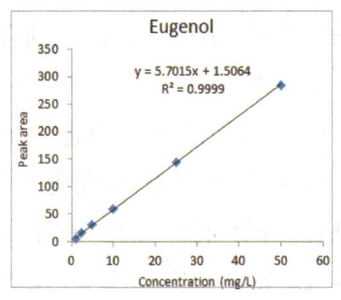 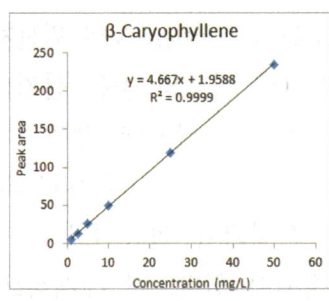 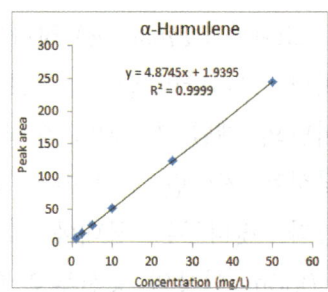

● 분석법의 검증
  - 10% tween 20 용액에 대하여 10 mg/L 수준으로 표준용액을 처리하여 회수율을 검증하였다.
  - LOD(Limit of detection; 검출한계)는 S/N비(Signal to noise ratio)가 3이 되는 농도를 정하였다.

주성분	Recovery rate (%)	RSD (%)	LOD (mg/L)
Eugenol	107.7	2.7	0.05
β-Caryophyllene	86.3	7.9	0.05
α-Humulene	88.8	7.4	0.05

8 잣나무

1) 식물정보

　소나무과(*Pinaceae*) 잣나무(*Pinus koraiensis*)의 원산지는 한국, 일본, 중국, 시베리아이다. 우리나라에서는 주로 지리산 이북의 높은 산지의 능선부 또는 계곡부나 중부이남의 해발 1,000m 이상인 전국의 산지에 자생하며 높이 20~30m, 지름 1m에 달하는 커다란 나무이다. 백두산 지역에는 잎갈나무와 더불어 순림을 형성한 곳이 있다. 잣나무는 국내에 널리 식재되어 활용되고 있지만, 자생지는 주로 백두대간 1,000m 이상의 능선부로 한정되어 있다. 전 세계적으로도 동북아시아 일부 지역에 제한적으로 분포하여 보호관리가 필요하다.

　나무껍질은 흑갈색이고 얇은 조각이 떨어지며 잎은 짧은 가지 끝에 5개씩 달린다. 잎은 3개의 능선이 있고 양면 흰 기공조선이 5~6줄씩 있으며 가장자리에 잔 톱니가 있다. 꽃은 5월에 피고 수꽃이삭은 새가지 밑에 달리며 암꽃이삭은 새가지 끝에 달리고 단성화이다. 열매는 구과로 긴 달걀 모양이며 길이 12~15cm, 지름 6~8cm이고 실편 끝이 길게 자라서 뒤로 젖혀진다. 종자는 날개가 없고 다음해 10월에 익으며 길이 12~18mm, 지름 12mm로서 식용 또는 약용으로 한다. 배젖에는 지방유 74%, 단백질 15%가 들어 있으며 자양강장 효과가 있다. 목재는 건축 및 가구재로서 매우 중요시되어 왔다.

〈출처〉 국가생물종지식정보시스템

2) 주성분 정보

잣나무는 terpene계 화합물이 많이 함유되어 있으며 그 중 α-pinene, β-pinene, limonene이 다량 함유되어 있고, 이들은 항균 및 살충활성을 가지고 있는 것으로 알려져 있다. 따라서 잣나무 추출물 함유 유기농업자재 중 품질관리를 위한 주성분으로 α-pinene, β-pinene, limonene 성분을 선정하여 이를 정량하기 위한 분석법을 개발하였다.

물질명	분자식 (분자량)	이화학적 성질	함량	특성
α-Pinene	$C_{10}H_{16}$ (136.234)	- Monoterpene - 인화성 - 물에 매우 적게 녹음 - Acetic acid, ethanol, acetone에 녹음	10-24%	- 항균효과
β-Pinene	$C_{10}H_{16}$ (136.234)	- Monoterpene - 무색의 액체 - 알코올에 잘 녹음 - 물에는 녹지 않음	2-12%	- 항균, 살충효과 - Woody-green - pine 냄새 - 침엽수에 - 풍부한 화합물
Limonene	$C_{10}H_{16}$ (136.234)	- 무색의 액체 - Cyclic terpene - 비교적 안정 - 물에 녹지 않음 - 알코올 등 유기용매에 녹음	6-28%	- 항균효과 - 레몬향

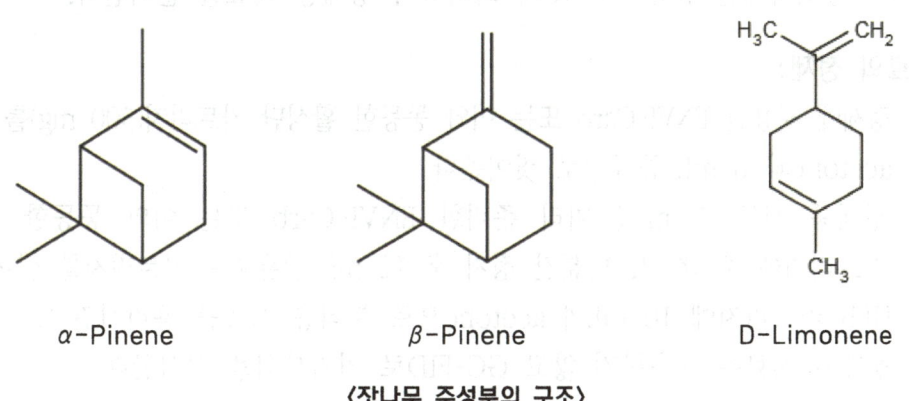

〈잣나무 주성분의 구조〉

3) 분석법

● 잣나무 추출물 함유 유기농업자재의 분석 전처리 과정

잣나무 주성분 시험법

Sample Preparation	Dilution with DW (10 fold)
Sample Clean up	Envi-carb SPE (500mg, 6cc) 1. Conditioning with acetone 6mL 2. Equilibration with DW 6mL
	Sample loading 2mL
	Staying 10min
	Washing with DW 12mL
	Elution with acetone 10mL
Instrument	GC/FID analysis

〈시료의 조제〉

- 유기농업자재를 증류수로 10배 희석하여 정제용 시료를 준비한다.

〈시료의 정제〉

1. 정제에 사용할 ENVI-Carb 또는 이와 동등한 활성탄 카트리지(500 mg)를 6 mL acetone과 6 mL 증류수로 씻어준다.
2. 정제용 시료 2 mL를 미리 준비한 ENVI-Carb 또는 이와 동등한 활성탄 카트리지에 주입하고, 10분간 정치 후 12 mL 증류수로 카트리지를 씻어준다.
3. HLB 카트리지에 10 mL의 acetone으로 분석용 시료를 용리시킨다.
4. 정제된 시료는 농축하지 않고 GC-FID로 기기분석을 실시한다.

● GC-FID 기기분석조건
  - DB-5 (30 m × 0.25 mm I.D. x 0.25 ㎛) 혹은 이와 동등한 컬럼을 사용하여 GC-FID로 분석한다.

Instrument	GC-FID			
Column	DB-5MS (30 m × 0.25 mm I.D. x 0.25 ㎛ thickness)			
Inlet Mode	Splitless			
Inlet Flow	1 mL/min (He)			
Inlet Temperature	250℃			
Injection Volume	1 ㎕L			
Oven	#	Rate (℃/min)	Target Temp. (℃)	Hold time (min)
	Initial	-	50	2
	1	5	100	0
	2	20	280	5
Detector Temperature	300℃			
Detector Gas Flow	H₂ 30mL/min, Air 350 mL/min, He 30 mL/min			

● GC-FID 분석을 통한 잣나무 주성분의 크로마토그램

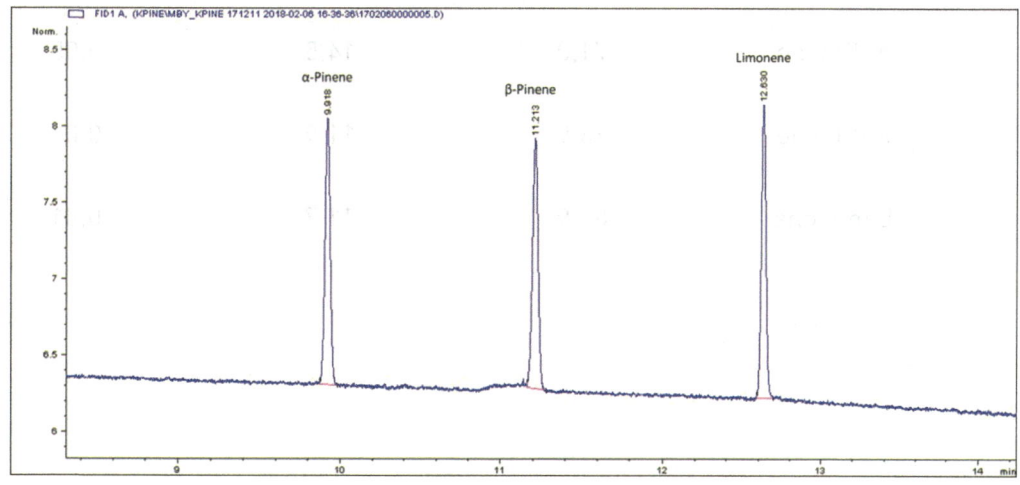

성분명	α-Pinene	β-Pinene	Limonene
RT (min)	9.918	11.213	12.630

● 잣나무 주성분의 검량선
  - 잣나무 주성분 3종을 acetone에 녹여 표준용액을 제조하고, 0.5~50 mg/L로 희석한 후 GC-FID로 분석하여 검량선을 작성한다.

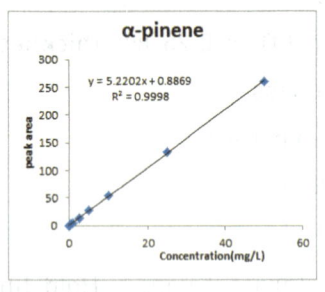 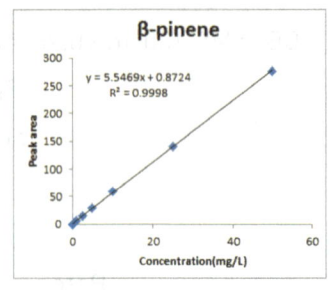 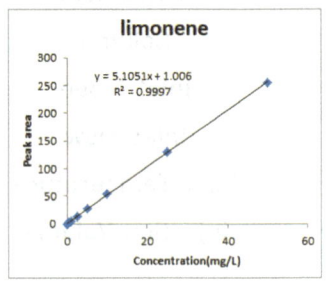

● 분석법의 검증
  - 20% tween 20 용액에 대하여 표준용액을 10 mg/L 수준으로 처리하여 회수율을 검증하였다.
  - LOD(Limit of detection; 검출한계)는 S/N비(Signal to noise ratio)가 3이 되는 농도를 정하였다.

주성분	Recovery rate (%)	RSD (%)	LOD (mg/L)
α-Pinene	71.0	14.5	0.05
β-Pinene	73.9	11.9	0.01
Limonene	82.9	11.7	0.01

9 제충국

1) 식물정보

제충국(*Pyrethrum flower*)은 국화과의 여러해살이풀로 발칸반도 달마티아(Dalmatia) 지방이 원산지로 알려져 있다. 유럽, 브라질, 콩고, 케냐 등에 주로 분포하고 있으며 우리나라에서도 일부 재배되고 있다. 제충국은 '벌레를 죽일 수 있는 국화'라는 이름에서도 알 수 있듯이 해충을 죽이는 성분을 함유하고 있어 수백 년간 대표적인 천연 살충 자원으로 활용되어왔다. 제충국의 살충성분은 꽃과 씨방에 다량으로 함유되어 있다. 제충국은 식물체 특히 꽃 부분에 피레트린이라는 담적황색의 기름과 같은 물질이 있다.

대표적인 살충성분은 피레트린 Ⅰ, Ⅱ가 있으며 이외에도 제충국에서 얻어지는 살충성분에는 시네린Ⅰ, Ⅱ와 자스몰린Ⅰ, Ⅱ가 있다. 이들 6종을 피레트린류(pyrethrins) 라고 하며 모두 피레스로이드(pyrethroid)의 화학적 구조를 지니고 있다. 피레트린은 유기용매에 용해된다. 피레트린은 곤충의 기문 또는 피부를 통하여 침입되며, 침입 즉시 신경을 마비시켜 죽게 한다. 그러나 사용한 양이 부족하면 일시적인 마비에서 다시 소생하게 된다. 제충국제는 온혈동물인 사람이나 가축에는 무해하며 곤충에만 유효하고 또한 식물에 대한 약해작용도 전혀 볼 수 없으므로 매우 안전한 천연 농약이다. 제충국의 탁월한 살충효과로 인해 합성 제충국제가 개발되었고 피레트린과 유사한 화학구조를 가진 수많은 화학 약제가 개발되었다. 제충국제는 주로 실내 위생해충의 방제약제로 사용되어 왔으나 최근 이들 구조를 변경시켜 빛이나 산소에 대하여 안정한 합성 제충국제의 개발로 야외 농장의 살충제로 이용되고 있다.

피레트린과 유사한 화학구조를 가진 합성물질을 피레스로이드계라고 부른다. 이에 따라 피레트린 성분은 농약의 유효성분으로 관리되었고 생산물에서 '잔류농약이 검출되지 아니하여야 한다.'라는 유기식품의 인증기준에 따라 제충국 추출물을 유기농업자재로 사용하는 데에 어려움이 있었다. 천연 피레스린과 합성 피레스로이드의 구별을 위한 연구가 진행되었고 유기농업에서도 안전하고 강력한 살충효과가 있는 제충국 추출물을 사용하고자 하는 수요가 계속되면서 제충국 추출물을 유기농자재로 사용할 수 있는 법적 근거가 마련되었다.

〈출처〉 농업기술길잡이 205 (유기농 쌀 생산. 2015.12.30., 농촌진흥청)
〈출처〉 유기재배농가에서 식물로 병해충 방제하기 p.15 (전라남도농업기술원)

2) 주성분 정보

제충국 추출물의 살충성분인 피레트린(pyrethrin I, II)만 주성분으로 설정할 경우 불법 합성물질 첨가에 의한 부작용 사례가 우려되므로 제충국이 함유하고 있는 천연 피레스린류 6종(pyrethrin I, II, cinerin I, II, jasmolin I, II)을 제충국 추출물의 주성분으로 설정하고 이에 대한 정량분석법을 개발하였다. 제충국에는 피레트린 : 시네린 : 자스몰린이 71:21:7(10:3:1)의 전형적인 조성비로 함유한다고 알려져 있다.

물질명	Molecular formulae	Relative molecular mass
pyrethrins (chrysanthemates)		
pyrethrin I	$C_{21}H_{28}O_3$	328.4
cinerin I	$C_{20}H_{28}O_3$	316.4
jasmolin I	$C_{21}H_{30}O_3$	330.5
pyrethrins (pyrethrates)		
pyrethrin II	$C_{22}H_{28}O_5$	372.4
cinerin II	$C_{21}H_{28}O_5$	360.4
jasmolin II	$C_{22}H_{30}O_5$	374.5

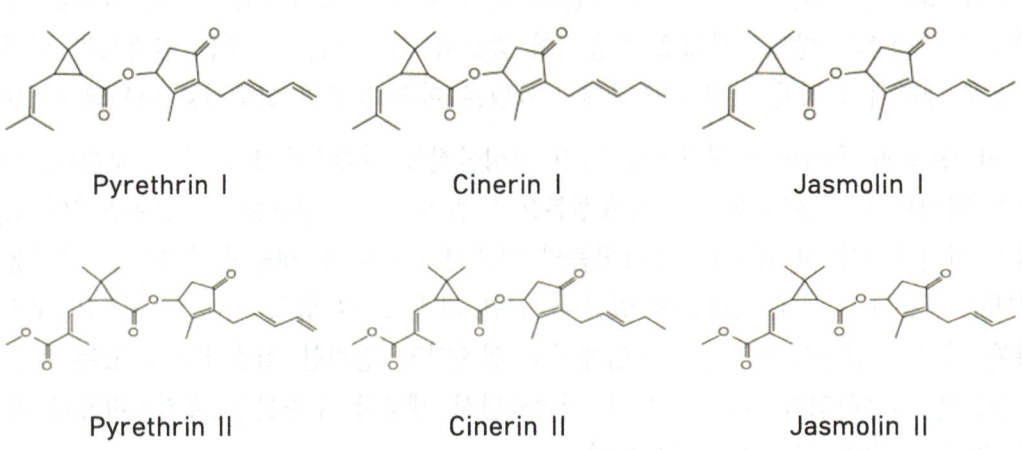

〈제충국 주성분의 구조〉

3) 분석법

● 제충국 추출물 함유 유기농업자재의 분석 전처리 과정

	제충국 주성분 시험법
Sample Preparation	Dilution with DW (100 to 1000 fold)
Sample Clean up	HLB SPE (500mg, 6cc) 1. Conditioning with methanol 6mL 2. Equilibration with DW 6mL
	Sample loading 2mL
	Staying 10min
	Washing with DW 6mL
	Elution with MeOH 10mL
	Concentration & dissolution in ACN 2mL
Instrument	HPLC analysis

〈시료의 조제〉

- 유기농업자재를 증류수로 100-1000배 희석하여 정제용 시료로 준비한다.

〈시료의 정제〉

1. 정제에 사용할 HLB 카트리지(500 mg)를 6 mL methanol과 6 mL 증류수로 씻어준다.
2. 정제용 시료 2 mL를 미리 준비한 HLB 카트리지에 주입하고, 10분간 정치한 후, 6 mL 증류수로 카트리지를 씻어준다.
3. HLB 카트리지에 10 mL의 methanol로 분석용 시료를 용리시킨다.
4. 정제된 시료를 농축한 후 acetonitrile 2 mL로 재용해하여 LC-UVD로 정량 분석을 실시한다.

UPLC-UVD 기기분석조건

- C18 (250 mm × 4.6 mm, 5 μm) 혹은 이와 동급 칼럼을 사용하여 LC-UVD로 분석함

Instrument	HPLC-UVD		
Injection volume	20 μL		
Column	Thermo Scientific™ Acclaim™ PolarAdvantage II(PA2) C18, 250 mm × 4.6 mm, 5 μm		
Column Temperature	40℃		
Mobile phase	A : DW, B : Acetonitrile		
Gradient	Time (min)	A (%)	B (%)
	0	50	50
	22	15	85
	23	0	100
	30	0	100
Running time	30 min		
Flow rate	1.0 mL/min		
Detection wavelength	346 nm		

UPLC-UVD 분석을 통한 제충국 주성분의 크로마토그램

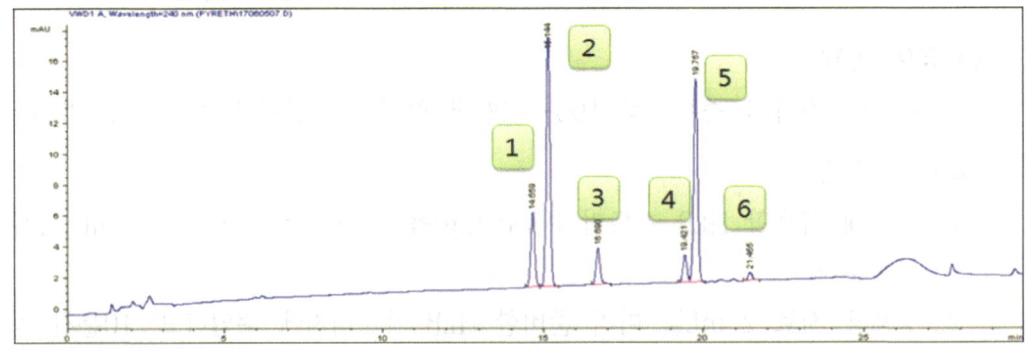

Peak No.	Compound	R.T. (min)	Peak No.	Compound	R.T. (min)
1	Cinerin II	14.667	4	Cinerin I	19.520
2	Pyrethrin II	15.148	5	Pyrethrin I	19.753
3	Jasmolin II	16.678	6	Jasmolin I	21.467

● 제충국 주성분의 검량선
- 제충국 주성분(pyrethrin 6 mixture)을 acetonitrile에 녹여 표준용액을 제조하고, 0.2~50 mg/L로 희석한 후 LC-UVD로 분석하여 검량선을 작성한다.

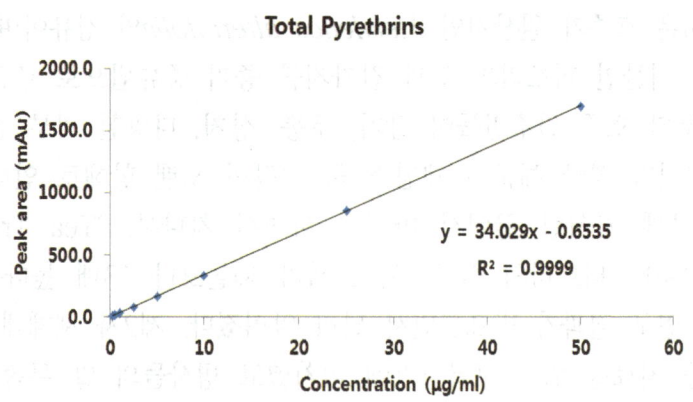

● 분석법의 검증
- 20% Tween 20 및 제충국 추출물이 함유되어 있지 않은 유기농업자재에 1 mg/L, 10 mg/L 수준으로 표준용액을 처리하고 회수율을 검증하였다.

시료	처리수준 (mg/L)	Recovery rate (%)	RSD (%)
20% Tween 20	1	92.0	2.3
	10	101.9	2.2
유기농업자재	1	83.0	5.3
	10	88.3	5.3

10 차나무(Tea tree oil)

1) 식물정보

Tea tree oil은 호주가 원산지인 *Melaleuca alternifolia*의 정유이며 Melaleuca oil 이라고도 한다. 식물인 티트리의 잎과 잔가지를 증기 증류법으로 추출한 에센셜오일 이다. 오래 전부터 호주 원주민들이 감기, 두통, 상처, 다양한 피부 질환의 치료제로 사용했는데, 18세기 영국 해군의 제임스 쿡 선장이 오랜 항해로 인해서 괴혈병으로 시달린 선원들에게 차처럼 끓여서 마시게 하면서 차나무, 'Tea Tree'로 알려지게 되었다. 1923년부터 티트리의 살균소독 효과가 페놀보다 13배 높다는 호주 펜폴드 박사의 일련의 연구 결과가 발표되면서 널리 알려졌다. 제2차 세계대전 중에는 상처 치유와 화상 등 치료를 위해 구급상자에 비치했고 병사들의 발 무좀을 치료하는 데 사용하였다. 박테리아, 곰팡이, 바이러스 방어 효과, 살균효과, 면역자극 효과 등 티 트리의 효능에 대한 다양한 연구 결과가 미국, 영국, 호주 등 세계 각국의 의학, 제 약협회지 등에 계속 발표되고 있다.

Tea tree oil에 대해서는 여러 가지 항염과 항균 활성에 관해 많이 알려졌으며, 여러 국가에서 오랜 기간 국소 치료제로 사용해 왔다. ISO(International Organization for Standardization, 국제표준화기구)에 따르면 tea tree oil은 terpinen-4-ol 30~40%, γ-terpinene 10~28%, α-terpinene 5~13% 수준을 함유하고 있다. 또한, 이들 성분은 세균과 곰팡이균에 대한 항균 활성 및 살충효과가 있는 것으로 보고되어 있다.

주요 화학 성분은 테르피넨-4-올(terpinen-4-ol), 리날로올(linalool) 등 알코올계와 테르피넨(terpinene), 피넨(pinene) 등 모노테르펜계로 구성되어 있다. 신선한 향기가 상쾌함과 활력을 주고 강력한 살균 효과와 항카타르 효과가 있어서 기침, 기관지염, 부비강염 등 호흡기 관련 증상 완화에 효과적이고 칸디다증, 요로감염증 등 비뇨기계 감염증상 완화에 유용하다. 강력한 면역 자극제로 신체 면역력을 개선시키고 땀 분비를 촉진하여 체열을 낮춰주며 벌레 물린 데, 입 주위의 단순포진, 구강궤양, 여드름, 무좀, 화상, 비듬 등 상처치유와 가려움증 완화에 도움이 된다. 감염증상 치유나 예방에 효과적인 오일로 가정 상비약으로 활용할 수 있다.

〈출처〉 네이버 지식백과, 두산백과

2) 주성분 정보

Tea tree oil (*Melaleuca oil*)은 항균활성이 있으며 terpinen-4-ol, γ-terpinene, α-terpinene이 다량 함유되어 있다고 보고되고 있다(Hammer et al. 2004; Carson et al. 2006). ISO 4730(2004)에 따르면 tea tree oil에는 terpinen-4-ol이 30-48% 수준으로 함유되어 있어 tea tree oil의 대표성분으로 볼 수 있으며, tea tree oil이 최적의 항균 활성을 나타내기 위해서는 terpinen-4-ol이 최소한 30% 이상 함유되어 있어야 한다고 보고되어 있다. 또한 γ-terpinene이 10-28%, α-terpinene이 5-13% 수준으로 함유하고 있다. 이 성분들은 *Candida albicans, Escherichia coli, Staphylococcus aureus* 등의 세균과 곰팡이균에 대한 항균활성이 있으며, 살충효과에 대해서도 보고되어 있다.

물질명	분자식 (분자량)	이화학적 성질	특성	함량
Terpinen-4-ol	$C_{10}H_{18}O$ (154.253)	- CAS 번호 562-74-3 - 테르피네올의 이성질체 - 수용해도 1767 mg/L - 녹는점 14.7℃ - 끓는점 211℃ - log P 3.33	- 투명한 액제 - 항균효과	30-48%
γ-Terpinene	$C_{10}H_{16}$ (138.25)	- CAS 번호 99-85-4 - 수용해도 8.72 mg/L - 녹는점 -31.1℃ - 끓는점 182℃ - log P 4.47	- 항균효과	10-28%
α-Terpinene	$C_{10}H_{16}$ (138.25)	- CAS 번호 99-86-5 - 수용해도 5.92 mg/L - 녹는점 -31.1℃ - 끓는점 173℃ - log P 4.75	- 항균효과	5-13%

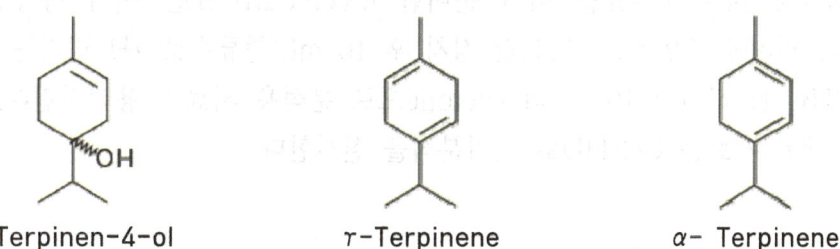

〈차나무(Tea tree oil) 주성분의 구조〉

3) 분석법

- 차나무 추출물(tea tree oil) 함유 유기농업자재의 분석 전처리 과정

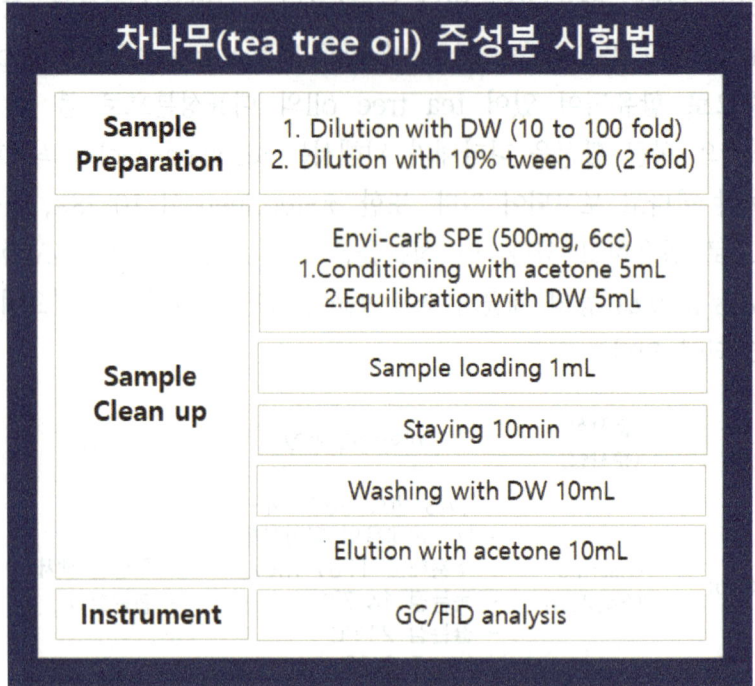

〈시료의 조제〉
- 유기농업자재를 증류수로 10-100배 희석한 후 10% tween 20 용액과 1:1 (v/v)로 섞어 정제용 시료를 준비한다.

〈시료의 정제〉
1. 정제에 사용할 ENVI-Carb 또는 이와 동등한 활성탄 카트리지(500 mg)를 5 mL acetone과 5 mL 증류수로 씻어준다.
2. 정제용 시료 1 mL를 미리 준비한 ENVI-Carb 또는 이와 동등한 활성탄 카트리지에 주입하고, 10분간 정치 후 10 mL 증류수로 카트리지를 씻어준다.
3. HLB 카트리지에 10 mL의 acetone으로 분석용 시료를 용리시킨다.
4. 정제된 시료는 GC-FID로 기기분석을 실시한다.

● GC-FID 기기분석조건

Instrument	GC-FID			
Column	DB-5 (30 m × 0.25 mm I.D. × 0.25 μm thickness)			
Inlet Mode	Splitless			
Inlet Flow	1 mL/min (He)			
Inlet Temperature	250 ℃			
Injection Volume	1 μL			
Oven	#	Rate (℃/min)	Target Temp. (℃)	Hold time (min)
	Initial	-	80	4
	1	4	120	0
	2	20	280	5
Detector Temperature	280 ℃			
Detector Gas Flow	H_2 30mL/min, Air 350mL/min, He 30mL/min			

● GC-FID 분석을 통한 차나무(tea tree oil) 주성분의 크로마토그램

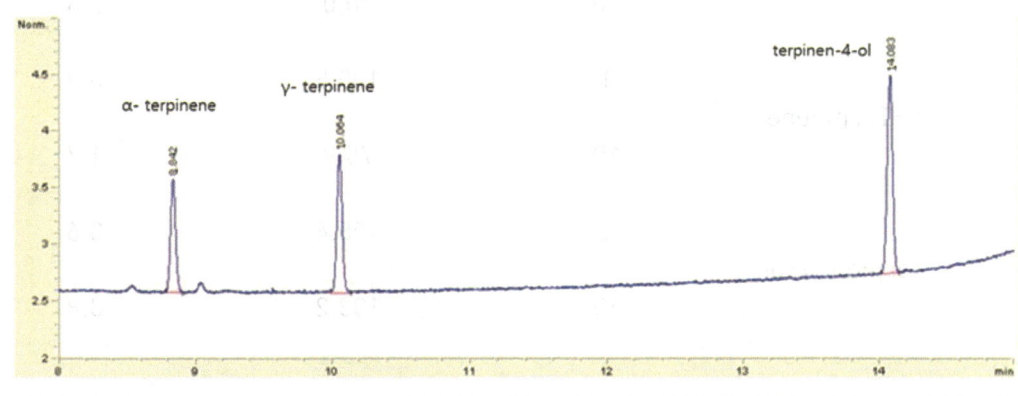

성분명	α-Terpinene	r-Terpinene	Terpinen-4-ol
RT (min)	8.842	10.064	14.083

● 차나무(tea tree oil) 주성분의 검량선
  - 차나무(tea tree oil)의 주성분 3성분을 acetone에 녹여 표준용액을 제조하고, 0.5~20 mg/L로 희석한 후 GC-FID로 분석하여 검량선을 작성한다.

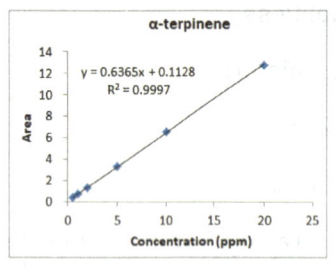 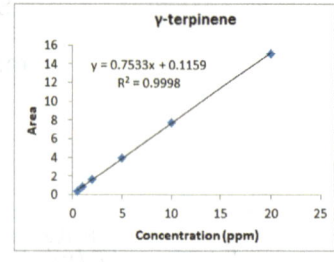 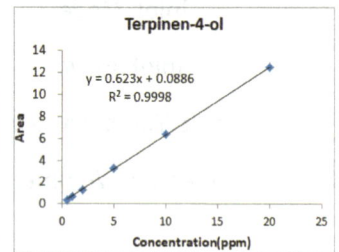

● 분석법의 검증
  - 티트리오일이 함유되어 있지 않은 유기농업자재에 1 mg/L, 10 mg/L 수준으로 표준용액을 처리하고 회수율을 검증하였다.

주성분	처리 수준 (mg/L)	Recovery rate (%)	RSD (%)
α-Terpinene	1	82.9	6.6
	10	70.0	2.3
γ-Terpinene	1	100.5	5.8
	10	75.9	1.7
Terpien-4-ol	1	105.4	8.6
	10	103.2	3.8

11. 차나무(Tea seed oil)

1) 식물정보

Tea seed oil은 중국이 원산지인 유차나무(*Camellia oleifera*)의 종자에서 얻은 오일이며 tea oil 또는 camellia seed oil이라고도 불린다. Tea seed oil은 팜 오일, 올리브 오일, 코코넛 오일과 함께 4대 식용 가능한 나무 오일이며 중국에선 식용유로 사용되고 있다. Tea seed oil에는 oleic acid 및 linoleic acid 등 불포화 지방산이 풍부하여 '동양의 올리브 오일'이라고도 불린다.

Tea seed oil은 차나무(*Camellia oleifera*) 종자에서 추출한 것으로 약 45.22%의 oil이 함유되어 있다. Tea seed oil은 항균활성이 있으며 oleic acid, linoleic acid 등의 지방산이 다량 함유되어 있다고 보고되어 있다(Estevinho et al. 2012; Shao et al. 2015; Yang et al. 2016).

2) 주성분 정보

Oleic acid는 올리브유와 카놀라유과 같은 식물성 기름뿐만 아니라 소, 돼지와 같은 동물의 유지에도 함유된, 동식물에 널리 존재하는 지방산이다. 혈청 콜레스테롤 농도는 낮추고 고밀도 콜레스테롤(HDL-콜레스테롤)의 농도는 저하시키지 않아 고지혈증 환자에게 특히 유익하며 모유에도 가장 많이 함유된 지방산으로 아기의 성장, 발달을 돕는다. 동물에서는 글리세린과 에스테를 형성하여 피하지방이나 간에 저장되며, 비누의 원료나 천의 방수제로서 이용된다. 또한 세포막의 정상적인 기능을 방해하여 병원균을 죽이는 살균 효과가 있는 것으로 보고되어 있으며, 진딧물 등에 관한 살충효과, 이끼에 대한 제초효과에 대해서도 보고되어 있다.

Linoleic acid는 글리세롤과는 에스테르결합으로 식물유 중에서 콩기름·면실유 등에 많이 함유되어 있다. 공기 중에서 산화되기 쉬운 건성유는 리놀레산이 주성분이다. 동물 중에는 스스로 합성할 수 없어 필수 영양소로서 요구하는 것도 있는데, 리놀렌산 등과 함께 비타민 F(지방산의 F)라 불리기도 한다. 연성(軟性) 비누의 원료로 쓰이고 있다.

〈출처〉 화학대사전 (2001.5.20., 세화 편집부)

물질명	분자식 (분자량)	이화학적 성질	특성	함량
Oleic acid	$C_{18}H_{34}O_2$ (282.5)	- 녹는점 13.3℃ 또는 16.2℃ - 끓는점 223℃ (10 torr) - 비중 0.89 (25℃)	- 오메가-9 불포화지방산 - 살균효과, 살충효과, 제초효과 - 물에 녹지 않음	53.5-78.7%
Linoleic acid	$C_{18}H_{32}O_2$ (280.45)	- 무색의 액체 - 밀도 0.9 g/cm³ - 녹는점 -12℃ - 끓는점 230℃ (16 mmHg) - 수용해도 0.139 mg/L	- 2개의 이중결합을 가지는 불포화지방산 - 물에 녹지 않음 - 에테르·알코올에는 녹음	2.0-5.6%

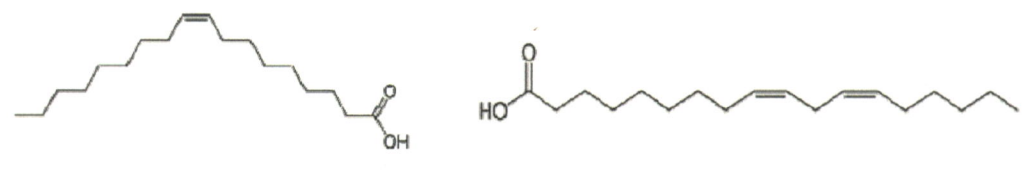

Oleic acid   Linoleic acid

<차나무(Tea seed oil) 주성분의 구조>

3) 분석법

● 차나무(tea seed oil) 추출물 함유 유기농업자재의 분석 전처리 과정

차나무(tea seed oil) 주성분 시험법	
Sample Preparation	Sample 20mg + Isooctane 1mL
Saponification	1. Add 0.5N NaOH in MeOH 1.5mL & Shake 2. Heat at 100℃ for 5min
Methylation	1. Cool down to 30~40℃ 2. Add isooctane 1mL, 14% BF_3 2mL & Shake 3. Heat at 100℃ for 5min
Extraction	1. Cool down to 30~40℃ 2. Add isooctane 1mL & Shake for 30 sec 3. Add saturated NaCl 5mL & Shake 4. Transfer supernatant in 15 mL tube 5. Add Na_2SO_4 anhydrous & Shake
	1. N_2 Dry of isooctane layer 2. Elution with acetone 5mL 3. Dilution 40 fold
Instrument	GC/FID or GC/MS analysis

〈시료의 조제〉

- 유기농업자재 20 mg에 isooctane 1 mL을 첨가하여 반응용 시료를 준비한다.

〈시료의 반응〉

1. 반응용 시료에 0.5 N NaOH (in methanol) 1.5 mL을 첨가하고 즉시 뚜껑을 닫고 혼합한다.
2. 100℃에서 5분간 가온한다.
3. 30~40℃로 냉각하여 isooctane 1 mL과 14% BF3 2 mL을 첨가하고 혼합한다.
4. 100℃에서 2분간 가온한다.

〈시료의 추출 및 농축〉

1. 30~40℃로 냉각하여 isooctane 1 mL을 첨가하고 질소를 불어넣은 후 30초간 격렬하게 진탕한다.
2. 포화식염수 5 mL를 가하고 질소를 불어넣은 후 진탕한다.
3. 냉각한 후 수층으로 분리된 isooctane 층을 무수황산나트륨으로 탈수시킨다.
4. 수층에 isooctane 1.5 mL를 추가로 넣고 2-3회 추출한다.
5. Isooctane 층을 질소농축하고, acetone 5 mL로 재용해 한 후 40배 희석하여 GC-FID 또는 GC-MS로 기기분석을 실시한다.

● GC-FID 기기분석조건
- SP-2330 (30 m x 0.25 mm, 0.20 μm) 혹은 이와 동급 칼럼을 사용하여 GC-FID 또는 GC-MS로 분석한다.
- GC-TOFMS로 분석할 때에는 74(methyl oleate), 67(methyl linoleate)를 정량 이온으로 사용할 수 있다.

Instrument	GC-FID			
Column	SP-2330 (30 m x 0.25 mm, 0.20 μm thickness)			
Inlet Mode	Splitless			
Inlet Flow	1 mL/min (He)			
Inlet Temperature	220 ℃			
Injection Volume	1 μL			
Oven	#	Rate (℃/min)	Target Temp. (℃)	Hold time (min)
	Initial	-	100	2
	1	10	220	10
Detector Temperature	220 ℃			
Detector Gas Flow	H_2 40mL/min, Air 450mL/min, He 30mL/min			

- GC-FID 분석을 통한 차나무(tea seed oil) 주성분의 크로마토그램

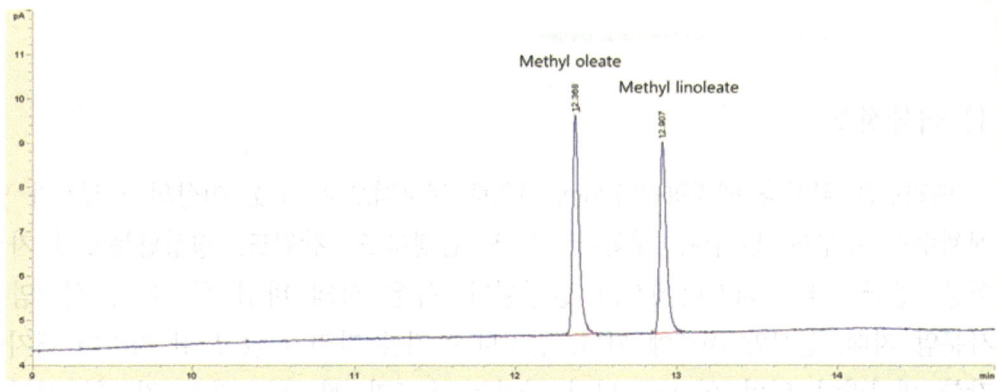

- 차나무(tea seed oil) 주성분의 검량선
  - 메틸올레산과 메틸리놀레산을 acetone에 녹여 표준용액을 제조하고 0.1~20 mg/L로 희석한 후 GC-FID 또는 GC-MS로 분석하여 검량선을 작성한다. 검출량은 다음 식과 같이 계산한다.

(환산식)

$$검출량(mg) = \frac{메틸에스테르검출농도(mg/L) \times 최종시료부피(mL)}{1,000} \times 희석배수 \times 지방산 전환계수$$

※ oleic acid의 지방산 전환계수 : 0.9527
※ linoleic acid의 지방산 전환계수 : 0.9524

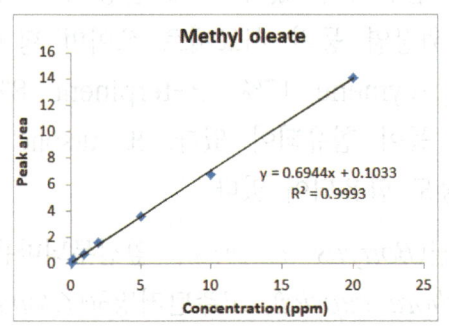
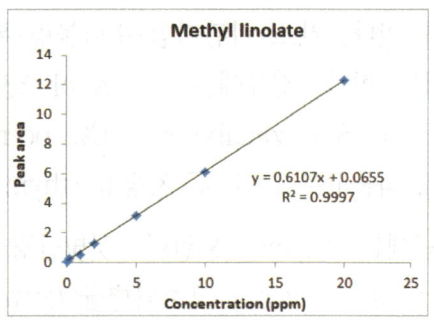

- 분석법의 검증
  - 유기농업자재 대신 oleic acid 및 linoleic acid 10 mg, 25 mg에 isooctane 1 mL를 첨가하여 전처리한 후 회수율을 검증하였다.

시험 수준 (mg)	Recovery rate ± RSD (%)	
	Methyl oleate	Methyl linoleate
10	70.8 ± 8.0	76.4 ± 7.2
25	89.3 ± 4.6	97.6 ± 3.8

12 백리향

1) 식물정보

백리향은 꿀풀과 백리향속(*Thymus*)으로 전국적으로 30곳 이상의 자생지가 있으며, 개체수도 풍부한 편이다. 개화기 6월초 함경북도, 강원도, 경상남북도에 자생하며 일본, 중국, 극동 러시아에서도 발견된다. 높은 산의 바위 위, 특히 석회암 지대, 사문암 지대, 안산암 지대에 난다. 양지나 음지를 가리지 않고 잘 자라며 평지에서도 강한 번식력이 있어 옆으로 퍼져 나가는 속도가 빠르다. 다소 건조한 사질양토를 좋아하고 내한력도 강하다. 석회암 광산개발로 자생지가 파괴되는 경우가 많다.

서양에서는 주로 유럽 남부가 원산지인 타임(*Thymus vulgaris*), 자생식물은 백리향(*Thymus quinquecostatus Celak.*)과 섬백리향(*Thymus japonicus*)이 포함된다. 백리향은 관상용으로 이용하기도 하며 허브로서 식품, 요리에 다양하게 활용되고 정유는 식품, 화장품 등에 이용되어왔다. 잎은 마주 나고 난상 타원형, 넓은 피침형 또는 피침형이며 양면에 선점이 있어 향기가 난다. 꽃은 6월에 홍자색으로 피며 2~4개씩 달리지만 가지 끝부분에서 총생하기 때문에 짧은 수상으로 보인다. 향기가 좋아 관상용으로 가치가 있으며 전초에 정유가 함유되어 있어 진해·진경·구풍·구충의 효능이 있다. 해소·기관지염·소화불량·복통·위장염 등의 치료제로 쓰이며 향미료로 쓰이기도 한다. 정유에는 carvacrol 53%, p-cymene 17%, γ-terpinene 8%, α-terpineol 5%, zingiberene 4%, borneol 등이 함유되어 있다. 또 ursolic acid, tannin, 식물고무질, 수지, 지방유, thymol 등도 함유되어 있다.

최근에는 thyme 오일이 잿빛곰팡이병균(*Botrytis cinerea*), 잎집무늬마름병균(*Rhizoctonia solani*), 고추역병균(*Phytophthora capsici*), 고추탄저병균(*Glomerella cingulate*), 사과점무늬낙엽병균(*Alternaria mali*)과 벼도열병균(*Magnaporthe grisea*)에서 광범위하게 살균효과를 나타냄이 알려져 유기농업자재로도 활용되고 있다.

〈출처〉
1) 신현철; 최홍근. 1997. 한국산 백리향속 식물의 분류학적 연구 : 수리분류학적 접근. 식물분류학회지 Vol.27(2) p.117-135.
2) 이유미; 이원열. 1997. 희귀 및 멸종위기식물도감. 도서출판 생명의나무. 서울.
3) 국가생물종지식정보시스템

2) 주성분 정보

유기농업자재에 활용되는 백리향은 주로 서양종인 타임의 정유이며 주성분은 thymol, γ-terpinene, ρ-cymene, linalool, myrcene, α-pinene, eugenol, carvacrol 및 α-thujene 등이 있다. 이 중 thymol과 carvacrol에 대한 antimicrobial, antifungal 효과가 있고 살균활성이 높은 것으로 알려져 있어 백리향추출물 또는 정유의 주성분으로 선정하였다. 정유 중 thymol 약 20-60.1% 함유, carvacrol 약 1.1-30.4% 함유하고 있다.

물질명	분자식 (분자량)	이화학적 성질	특성	함량(%)
Thymol	$C_{10}H_{14}O$ (150.221)	- CAS 89-83-8 - 밀도 0.96 g/cm³ - 녹는점 49-51°C - 끓는점 232°C - 수용해도 0.9 g/L (20°C)	- p-Cymene의 천연 모노테르페노이드 페놀 유도체 - carvacrol의 이성질체 - 쾌적한 향기 - 강한 방부제 - 백색 결정질 물질 - 항균효과	20-60.1
Carvacrol	$C_{10}H_{14}O$ (150.217)	- 밀도 977 kg/m³ - 끓는점 236.8 °C - 녹는점 1°C - 물에 녹지 않음	- 모노테르페노이드 페놀 - 오레가노 특유의 톡쏘는 향 - 항균효과	1.1-30.4

〈백리향 주성분의 구조〉

3) 분석법

● 백리향오일 함유 유기농업자재의 분석 전처리 과정

	백리향 주성분 시험법
Sample Preparation	Dilution with DW (20 to 500 fold)
Sample Clean up	HLB SPE (500mg, 6cc) 1. Conditioning with acetone 6mL 2. Equilibration with DW 6mL
	Sample loading 1mL
	Staying 10 min
	Washing with DW 6mL
	Elution with acetone 10mL
Instrument	GC/FID analysis

〈시료의 조제〉

 - 유기농업자재를 증류수로 20-500배 희석하여 정제용 시료를 준비한다.

〈시료의 정제〉

1. 정제에 사용할 HLB 카트리지(500 mg)를 6 mL acetone과 6 mL 증류수로 씻어준다.
2. 정제용 시료 1 mL를 미리 준비한 HLB 카트리지에 주입하고, 10분간 정치 후 6 mL 증류수로 카트리지를 씻어준다.
3. HLB 카트리지에 10 mL의 acetone으로 분석용 시료를 용리시킨다.
4. 정제된 시료는 GC-FID로 기기분석을 실시한다.

● GC-FID 기기분석조건
- DB-5 (30 m×0.25 mm I.D. × 0.25 ㎛) 혹은 이와 동등한 컬럼을 사용하여 GC-FID로 분석한다.

Instrument	GC-FID			
Column	DB-5MS (30 m×0.25 mm I.D. × 0.25 ㎛ thickness)			
Inlet Mode	Splitless			
Inlet Flow	1 mL/min (He)			
Inlet Temperature	250 ℃			
Injection Volume	1 ㎕			
Oven	#	Rate (℃/min)	Target Temp. (℃)	Hold time (min)
	Initial	-	80	2
	1	5	150	0
	2	20	250	5
Detector Temperature	280 ℃			
Detector Gas Flow	H_2 30 mL/min, Air 400 mL/min, He 40 mL/min			
Run Time	26 min			

● GC-FID 분석을 통한 백리향추출물 주성분의 크로마토그램

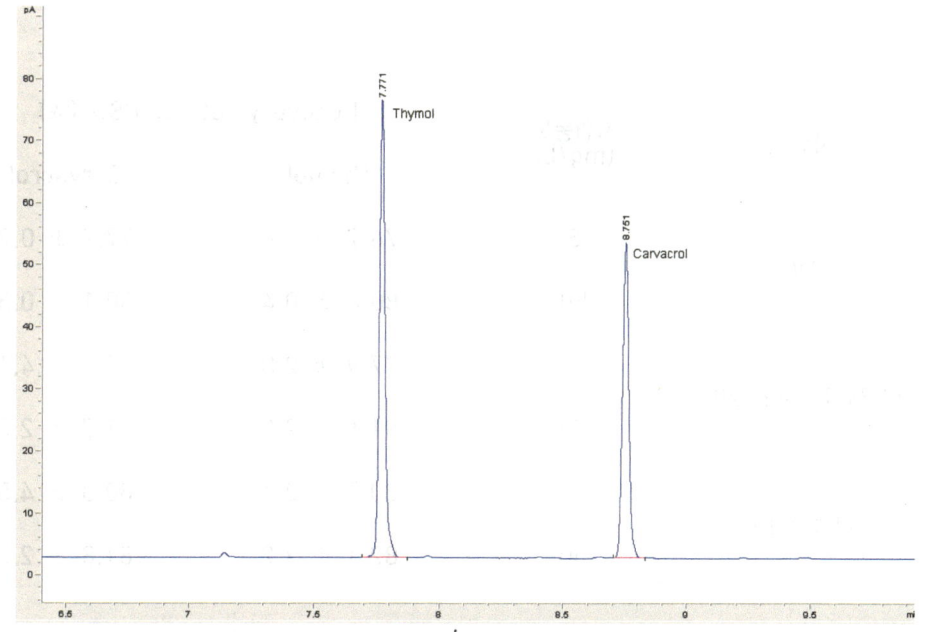

성분명	Thymol	Carvacrol
RT (min)	7.771	8.751

● 백리향 주성분의 검량선
  - 백리향 주성분 2종을 acetone에 녹여 표준용액을 제조하고 1-100 mg/L로 희석한 후 GC-FID로 분석하여 검량선을 작성한다.

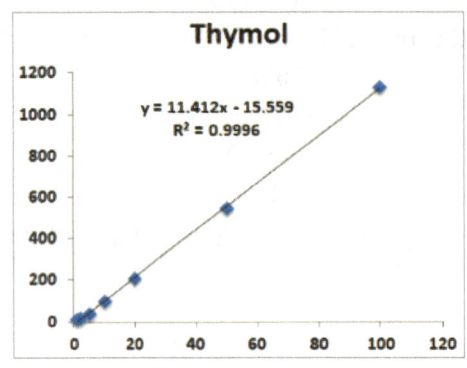 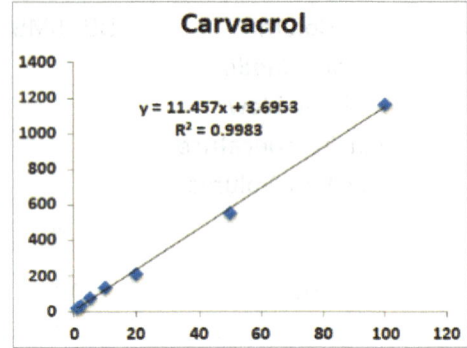

● 분석법의 검증
  - 증류수 및 20% tween 20 용액, 백리향 오일이 함유되어있지 않은 유기농업자재에 대하여 5 mg/L, 50 mg/L 수준으로 표준용액을 처리하고 회수율을 검증하였다.

시료	시험농도 (mg/L)	Recovery rate ± RSD (%)	
		Thymol	Carvacrol
DW	5	76.7 ± 3.4	77.7 ± 0.2
	50	80.4 ± 0.4	80.1 ± 0.3
20 % Tween 20	5	77.9 ± 2.0	77.3 ± 4.1
	50	81.6 ± 2.2	81.7 ± 2.5
유기농업자재	5	80.7 ± 2.1	80.0 ± 4.5
	50	82.1 ± 2.2	81.8 ± 2.2

13 팔마로사

1) 식물정보

팔마로사(*Cymbopogon martinii*)는 벼과(Poaceae) 레몬그라스속(Cymbopogon) 식물로 기능강화, 수화작용, 방부, 살균, 세포 생육촉진, 소화, 해열 등에 효과가 있다. 인도가 원산지이며 마다가스카르, 인도, 브라질, 코모로 섬에서 광범위하게 재배된다. Indian geranium, 진저 그래스(ginger grass), rosha, rosha grass 등으로도 불리며 여러 개의 뻣뻣한 줄기들이 무더기로 자라나 뭉치를 형성하며 자라는 잎이 좁은 영년생 풀이다.

팔마로사는 3 m까지 자라고, 길고 가느다란 줄기와 향기가 나는 연초록색의 잎이 나며 줄기 끝에 붉은색의 꽃이 핀다. 팔마로사 오일은 감정을 가라앉히지만 고무시키는 효과도 있으며, 스트레스성 심장의 두근거림, 불안, 불면을 완화하는 데 효과적이다. 팔마로사가 가장 많이 쓰이는 분야는 피부문제의 해소다. 팔마로사의 살균성과 보습 효과는 건조하고 영양이 부족한 피부에 도움이 되며 피부염, 습진, 건선에 사용한다. 또한 팔마로사 오일의 항박테리아, 항바이러스, 항진균 효능은 부스럼, 대상포진, 진균증 등 다양한 종류의 피부감염에 사용할 수 있다.

팔마로사 오일은 '터키 제라늄 오일' 또는 '인도 제라늄 오일' 등으로도 알려져 있으며 인도와 터키 등지에서 주로 생산되고, 장미와 레몬, 풀향 등이 섞여 있는 듯한 향이다. 예전부터 향수나 비누용으로 널리 사용되었으며, 곡류나 콩류 저장 시 곤충 기피제, 모기 기피제, 선충류의 구충제로도 사용되어왔다. 또한 Aspergilus niger에 대한 항균성이 있으며 화본과잡초에 대한 살초활성이 있는 것으로 알려져 있다.

〈출처〉 네이버 지식백과, 팔마로사 [Palmarosa] (상담학 사전, 2016.01.15., 김춘경 등)

2) 주성분 정보

팔마로사오일의 주성분은 제라니올(geraniol)로 40~80% 가량을 차지하고 있으며 geranyl acetate, linalool, myrcene, cis-ocimene, trans-ocimene, citral 등이 함유되어 있다.

Geraniol(제라니올)은 장미유, 팔마로사유, 시트로넬라유 등의 주요 성분이다. 연한 장미향을 내기 때문에 향수, 비누 등에 사용되며 식품첨가물로 시트러스 맛을 강조하기 위해 소량 사용된다. 천연으로는 유리 알코올 또는 에스테르의 형태로 분포되어 있는데, 팔마로사유에는 75~95%, 장미유에는 40~50%, 시트로넬라유에는 30~40% 함유되어 있으며, 라벤더유에도 존재한다. 미국 EPA에 곤충기피제로 등록되어 있으며, 일본의 경우 딱정벌레 유인 시 사용되기도 한다.

Linalool은 유리 또는 에스테르 유도체로서 천연물 속에 널리 존재한다. 리날로올을 함유하는 천연물을 알코올에 녹인 수산화칼륨으로 비누화한 후 감압증류하면 생긴다.

〈출처〉 네이버 지식백과, 두산백과

물질명	분자식 (분자량)	이화학적 성질	특성	함량
Geraniol	$C_{10}H_{18}O$ (154.25)	- 밀도 0.899 g/㎤ - 비중 0.8825 - 녹는점 -15℃ - 끓는점 230℃ - 수용해도 686 mg/L	- 사슬 모양의 불포화알코올 - 모노테르페노이드의 일종 - 장미 향기를 지닌 무색의 액체 - 물에는 녹지 않음 - 알코올이나 에테르에는 잘 녹음	40-80%
Linalool	$C_{10}H_{18}O$ (154.249)	- 무색의 액체 - 밀도 0.858~0.868 g/㎤ - 녹는점 -20℃ - 끓는점 198~200℃ - 수용해도 1.589 g/L	- 사슬 모양의 모노테르펜알코올 - α형, β형 2종의 구조가 있으나 천연물은 대부분 β형 - 물에 녹지 않음 - 알코올·에테르에 녹음	
Geranyl acetate	$C_{12}H_{20}O_2$ (196.29)	- 무색의 액체 - 끓는점 238.3℃ - 수용해도 6.8 mg/L	- 라벤더 향, 달콤한 과일향 - 알코올 및 ether, 정제 오일에 녹음	

Geraniol   Geranyl acetate   Linalool

〈팔마로사 유래 지표성분의 구조〉

3) 분석법

● 팔마로사 오일 함유 유기농업자재의 분석 전처리 과정

팔마로사 주성분 시험법

Sample Preparation	Dilution with DW (100 to 500 fold)
Sample Clean up	HLB SPE (60mg, 3cc) 1. Conditioning with DCM 3mL 2. Equilibration with DW 1mL
	Sample loading 1mL
	Staying 5 min
	Washing with DW 1mL
	Elution with DCM 10mL
Instrument	GC/FID analysis

〈시료의 조제〉
- 유기농업자재를 증류수로 100-500배 희석하여 정제용 시료를 준비한다.

〈시료의 정제〉
1. 정제에 사용할 HLB 카트리지(60 mg)를 3 mL dichloromethane과 1 mL 증류수로 씻어준다.
2. 정제용 시료 1 mL를 미리 준비한 HLB 카트리지에 주입하고, 5분간 정치 후 1 mL 증류수로 카트리지를 씻어준다.
3. HLB 카트리지에 10 mL의 dichloromethane으로 분석용 시료를 용리시킨다.
4. 정제된 시료를 GC-FID로 기기분석을 실시한다.

● 기기분석조건 설정
- RTX-5 (30 m x 0.25 mm I.D. x 0.25 ㎛) 혹은 이와 동급 컬럼을 사용하여 GC-FID로 분석한다.

Instrument	GC-FID			
Column	RTX-5 (RESTEK 30 m x 0.25 mm I.D. x 0.25 ㎛)			
Inlet Mode	Splitless			
Inlet Flow	1 mL/min (N_2)			
Inlet Temperature	250 ℃			
Injection Volume	1 ㎕			
Oven	#	Rate (℃/min)	Target Temp. (℃)	Hold time (min)
	Initial	-	50	0
	1	10	130	2
	2	5	160	0
	3	20	280	8
Detector Temperature	280 ℃			
Detector Gas Flow	H_2 30 mL/min, Air 300 mL/min, N_2 40 mL/min			
Run Time	30 min			

● GC-FID 분석을 통한 팔마로사 추출물 주성분의 크로마토그램

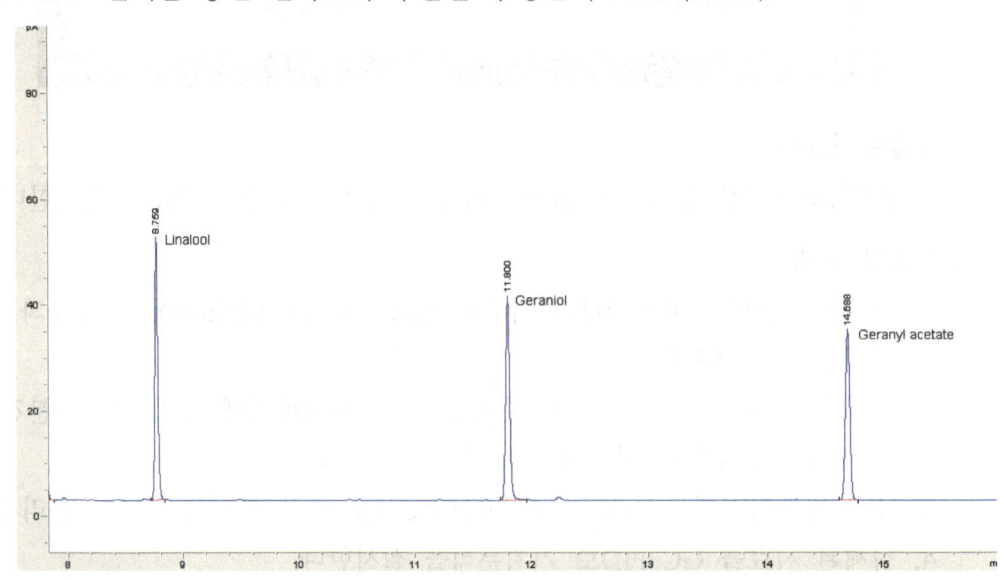

성분명	Linalool	Geraniol	Geranyl acetate
RT (min)	8.759	11.800	14.688

● 팔마로사오일 주성분의 검량선
- 팔마로사 주성분 3종을 acetone에 녹여 표준용액을 제조하고, 0.5-50 mg/L으로 희석한 후 GC-FID로 분석하여 검량선을 작성한다.

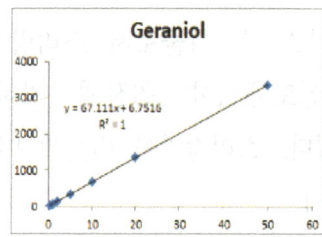 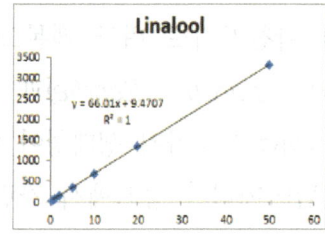 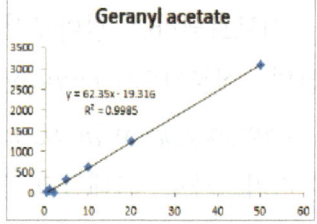

● 분석법의 검증
- 증류수, 20% tween 20 용액, 팔마로사오일이 함유되어 있지 않은 유기농업자재에 5 mg/L, 50 mg/L 수준으로 표준용액을 처리하고 회수율을 검증하였다.

시료	시험농도 (mg/L)	Recovery rate ± RSD (%)		
		Linalool	Geranyl acetate	Geraniol
DW	5	86.8 ± 8.4	84.3 ± 4.8	41.6 ± 6.4
	50	94.8 ± 0.1	89.0 ± 0.5	74.1 ± 0.6
20% Tween20	5	102.6 ± 5.5	93.1 ± 5.5	71.4 ± 1.9
	50	100.7 ± 1.1	94.7 ± 0.3	92.2 ± 0.7
유기농업자재	5	104.2 ± 1.3	99.2 ± 2.4	57.7 ± 2.3
	50	101.1 ± 1.4	94.6 ± 1.5	80.8 ± 1.7

14 시트로넬라

1) 식물정보

시트로넬라는 팔마로사와 마찬가지로 벼과 레몬그라스 속 식물로서 스리랑카 원산의 실론타입(*Cymbopogon nardus Rendle*)과 인도네시아 원산의 자바타입(*Cymbopogon winterianus Jowitt*) 두가지 생태형이 있다. 스리랑카를 비롯해 미얀마, 마다가스카르, 과테말라 및 남아메리카 등지에서 자란다.

시트로넬라 오일은 천연 곤충 기피제로 널리 사용되고 있으며 모기 기피제, 이, 쇠파리의 기피 효과가 알려져 있다. 미국 EPA 등록자료에는 'biopesticide with a non-toxic mode of action'으로 기재되어 있다.

시트로넬라 추출물의 주성분은 citronella로 모기 등에 생물적 활성이 있는 대표적 곤충 기피 물질로 초에 녹여 사용한다. 잎은 가늘고 길며, 적응력이 강해 어느 곳에서나 잘 자라는 특성을 가지고 있다. 잎의 정유를 추출하려면 생잎보다는 건조시킨 잎을 수증기 증류법으로 추출한다.

정유는 향수와 화장품 원료로 쓰이며, 벌레와 모기의 접근을 완벽하게 차단해 주기 때문에 해충 방지제로도 사용된다. 뛰어난 살균과 방부 역할을 하며, 신경을 안정시켜 주는 기능이 있어 두통·편두통·신경통 등에 좋다. 이 밖에 소화기관·생식기관에도 효과가 있다.

〈출처〉 농업기술길잡이 205 (유기농 쌀 생산. 2015.12.30., 농촌진흥청)

2) 주성분 정보

시트로넬라오일의 주성분은 실론타입의 경우 geraniol (18~20%), limonene (9~11%), methyl isoeugenol (7~11%), citronellol (6~8%), and citronellal (5~15%)이며 자바타입은 citronellal (32~45%), geraniol (11~13%), geranyl acetate (3~8%), limonene (1~4%)으로 알려져 있다.

Citronellal은 식물 cymbopogon에서 추출한 증류유의 주요 분리물이다. 시트로넬랄은 방충 성질을 가지고 있으며 모기 퇴치 효과가 높은 것으로 나타났다. 또한 강력한 항균성을 가지고 있다는 연구가 보고되어 있다. 레몬 향이 있는 착향료로 레몬향의 조합, 바나나, 사과, 체리, 진저에일, 젤라틴 등의 식품의 향료로 사용된다. 시트로렐라유 주성분과 레몬, 장미 그 외의 정유 성분으로 널리 존재한다. 착향 이외의 목적으로 사용하여서는 안 된다.

Citronellol은 착향료, 파인애플 및 감귤계의 향, 장미향, 꿀향으로 사용된다. 그밖에 장미유의 조합에 다량 사용되고 향수, 화장품, 비누에도 널리 쓰이고 있다. 자바, 대만산 시트로넬랄 기름, geranium유, 장미유 등에 존재한다. d-Citronellal을 환원하여 만든다. 착향 이외의 목적으로 사용하여서는 안 된다.

Geraniol은 장미유, 팔마로사유, 시트로넬라유 등의 주요 성분이다. 향료로서 중요하며 화장품 제조에 사용된다. 시트랄을 나트륨 아말감 또는 백금흑과 수소를 써서 환원시키면 얻을 수 있다. 천연으로는 유리 알코올 또는 에스터의 형태로 분포되어 있는데, 팔마로사유에는 75~95%, 장미유에는 40~50%, 시트로넬라유에는 30~40% 함유되어 있으며, 라벤더유에도 존재한다.

〈출처〉식품과학기술대사전(2008.4.10., 한국식품과학회)

물질명	분자식 (분자량)	이화학적 성질	특성	함량
Citronellal	$C_{10}H_{18}O$ (154.25)	- 끓는점 208°C - 밀도 855 kg/m³ - 무색 투명한 액체	- 모노테르페노이드 알데히드 - 독특한 레몬 향 - 테르페노이드 화합물 - 착향료 - 항균효과, 살충효과	6-8% (실론타입), 32-45% (자바타입)
Citronellol	$C_{10}H_{20}O$ (156.27)	- 밀도 855 kg/m³ - 끓는점 225 °C	- 천연 비환식 모노테르페노이드	5-15% (실론타입)
Geraniol	$C_{10}H_{18}O$ (154.25)	- 밀도 0.899 g/cm³ - 비중 0.8825 - 녹는점 -15°C - 끓는점 230°C - 용해도 686 mg/L (20°C)	- 사슬 모양의 불포화알코올 - 모노테르페노이드의 일종 - 장미 향기를 지닌 무색의 액체 - 물에 녹지 않음 - 알코올이나 에테르에 잘 녹음	18-20% (실론타입), 11-13% (자바타입)

Geraniol   Citronellal   Citronellol

〈시트로넬라 주성분의 구조〉

3) 분석법
- 시트로넬라 오일 함유 유기농업자재의 분석 전처리 과정

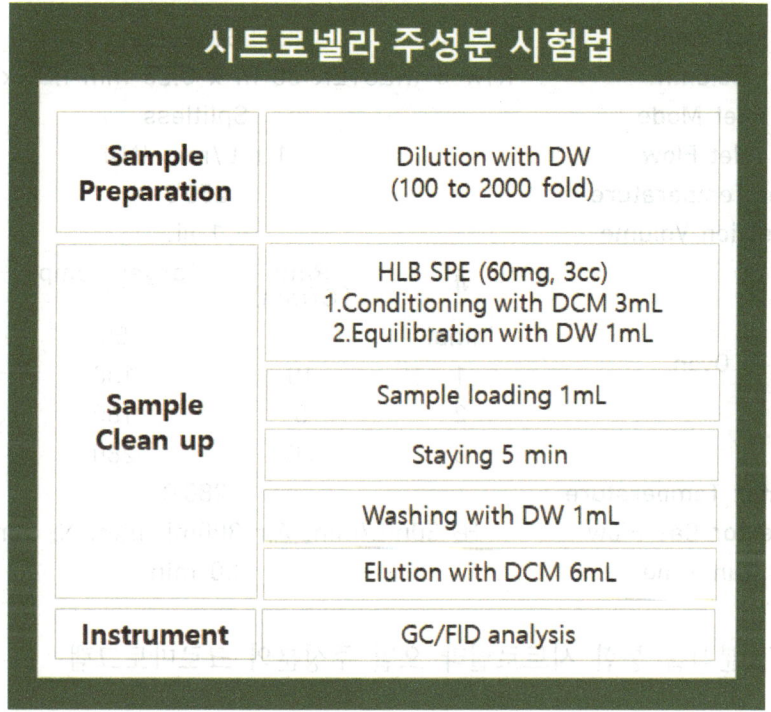

〈시료의 조제〉
- 유기농업자재를 증류수로 100-2000배 희석하여 정제용 시료를 준비한다.

〈시료의 정제〉
1. 정제에 사용할 HLB 카트리지(60 mg)를 3 mL dichloromethane과 1 mL 증류수로 씻어준다.
2. 정제용 시료 1 mL를 미리 준비한 HLB 카트리지에 주입하고, 5분간 정치 후 1 mL 증류수로 카트리지를 씻어준다.
3. HLB 카트리지에 6 mL의 dichloromethane으로 분석용 시료를 용리시킨다.
4. 정제된 시료는 농축하지 않고 GC-FID로 기기분석을 실시한다.

GC-FID 기기분석조건
- RTX-5 (30 m x 0.25 mm I.D. x 0.25 ㎛) 혹은 이와 동급 컬럼을 사용하여 GC-FID로 분석한다.

Instrument	GC-FID			
Column	RTX-5 (RESTEK 30 m x 0.25 mm I.D. x 0.25 ㎛)			
Inlet Mode	Splitless			
Inlet Flow	1 mL/min (N_2)			
Inlet Temperature	250℃			
Injection Volume	1 ㎕L			
Oven	#	Rate (℃/min)	Target Temp. (℃)	Hold time (min)
	Initial	-	50	0
	1	10	130	2
	2	5	160	0
	3	20	280	8
Detector Temperature	280℃			
Detector Gas Flow	H_2 30mL/min, Air 300mL/min, N_2 40mL/min			
Run Time	30 min			

GC-FID 분석을 통한 시트로넬라 오일 주성분의 크로마토그램

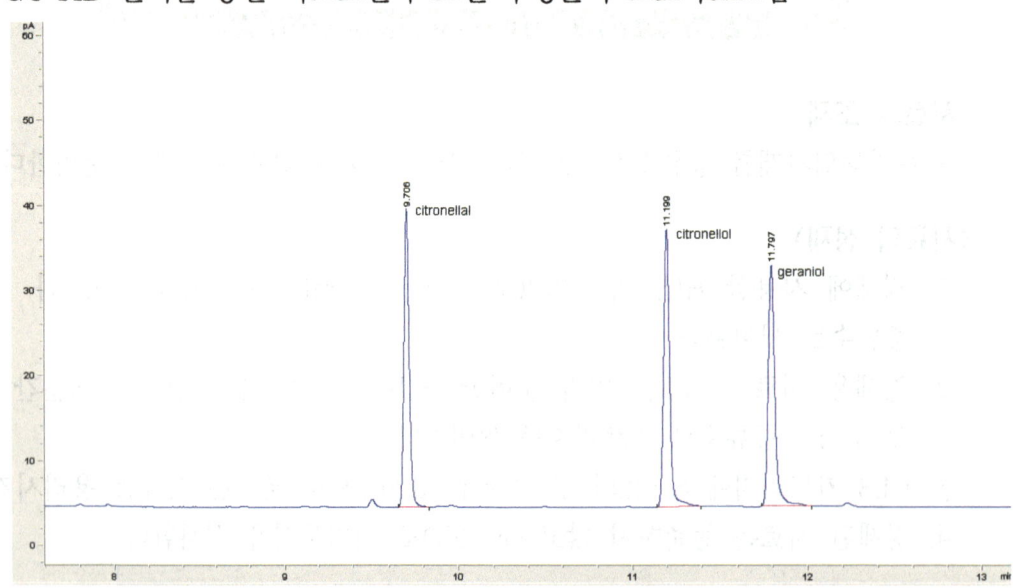

성분명	Citronellal	Citronellol	Geraniol
RT (min)	9.706	11.199	11.797

● 시트로넬라 오일 주성분의 검량선
- 시트로넬라 주성분 3종을 각각 dichloromethane에 녹여 표준용액을 제조하고 0.5-20 mg/L로 희석한 후 GC-FID로 분석하여 검량선을 작성한다.

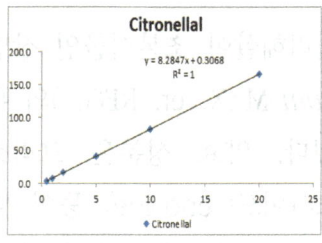 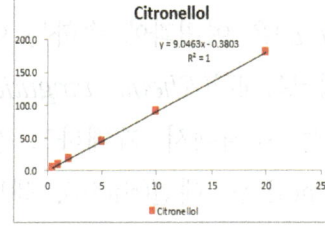 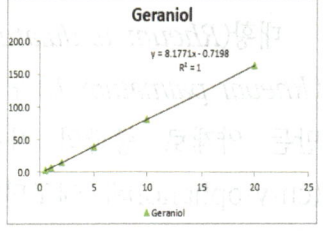

● 분석법의 검증
- 증류수, 10% tween 20 용액, 시트로넬라 오일이 함유되어 있지 않은 유기농업자재 2종을 대상으로 2 mg/L, 20 mg/L 수준으로 표준용액을 처리하고 회수율을 검증하였다.

시료	처리수준 (mg/L)	Recovery rate ± RSD (%)		
		Citronellal	Citronellol	Geraniol
DW	2	75.0 ± 2.8	111.7 ± 0.0	92.3 ± 2.2
	20	75.5 ± 1.3	98.4 ± 0.8	96.9 ± 0.8
10% Tween 20	2	71.4 ± 5.8	102.0 ± 0.0	85.1 ± 6.4
	20	72.7 ± 0.9	95.1 ± 0.2	92.6 ± 0.9
유기농업자재 1	2	71.4 ± 2.9	108.5 ± 0.0	97.1 ± 2.1
	20	73.5 ± 1.1	95.0 ± 2.1	94.6 ± 2.1
유기농업자재 2	2	118.8 ± 0.0	70.8 ± 2.6	70.8 ± 0.0
	20	72.6 ± 2.9	93.4 ± 1.4	93.4 ± 1.5

15 대황

1) 식물정보

대황(*Rheum undulatum L.*)은 여귀과에 속하는 여러해살이 초본식물인 장엽대황(*Rheum palmatum L.*)과 당고특대황(*Rheum tanguticum* MAX. et. REG.)의 뿌리로 만든 약재로 중국의 사천성 등지에서 재배하고 있다. 약효 성분은 크리소파놀(chrysophanol)과 에모딘(emodin), 레인(rhein), 센노사이드(senoside) 등이 알려져 있다. 뿌리가 굵고 크며 줄기는 곧게 자라고 높이는 1.5m 정도이며 속이 비어있다. 근생엽의 엽병은 육질로 크며 잎 모양은 넓은 난원형이다. 뒷면의 잎맥이 뚜렷하고 가장자리에 무딘 톱니가 드물게 있고 끝도 둔한 편이며 기부는 심장형이다. 꽃은 6~7월에 피는데 황백색으로 총상화서이고 대형이며 가지로 뻗는다. 과기는 8월로서 삭과는 삼각형으로 날개가 있다.

약효성분은 뿌리와 뿌리줄기(근경)에 안트라키논 유도체 3.2~6.6%와 타닌질 8.2~3.6% 등이 있다. 주요 성분으로는 레인, 알로에모딘, 에모딘(프란큘라 에모딘), 크리소파놀, 파스치온(파리에탄) 등이 있고 유리 안트라키논은 적은 것으로 알려져 있다. 건위, 지사, 사하, 행어혈, 사열독에 효과가 있다.

〈출처〉 농업기술길잡이 205 (유기농 쌀 생산. 2015.12.30., 농촌진흥청)

2) 주성분 정보

대황 추출물의 다량 함유성분 중 작물보호기능(항균, 살충, 제초)이 있는 성분을 중심으로 주성분을 선정하였다.

물질명	분자식 (분자량)	이화학적 성질	특성
Emodin	$C_{15}H_{10}O_5$ (270.24)	- Orange solid - 밀도 1.583±0.06 g/cm³ - 녹는점 256-257 °C - 물에 안 녹음, ethanol에 녹음 - Absorption max (ethanol): 222, 252, 265, 289, 437 nm	항균
Aloe-emodin	$C_{15}H_{10}O_5$ (270.24)	- 고체 - 밝은 갈색 - 냄새 없음 - 녹는점 223-234℃	항균
Rhein (Cassic acid)	$C_{15}H_8O_6$ (284.22)	- Orange crystals - 밀도 1.687 g/cm³ - 녹는점 350-352°C - 물에 안 녹음	
Chrysophanol	$C_{15}H_{10}O_4$ (254.24)	- 노란색 고체 - 녹는점 196℃ - 물에 안 녹음, benzene, acetic acid에 녹음 - log Kow = 4.49 - Absorption max: 226, 256, 278, 288, 436 nm	
Physcion (Parietine)	$C_{16}H_{12}O$ (284.26)	- Orange/yellow	

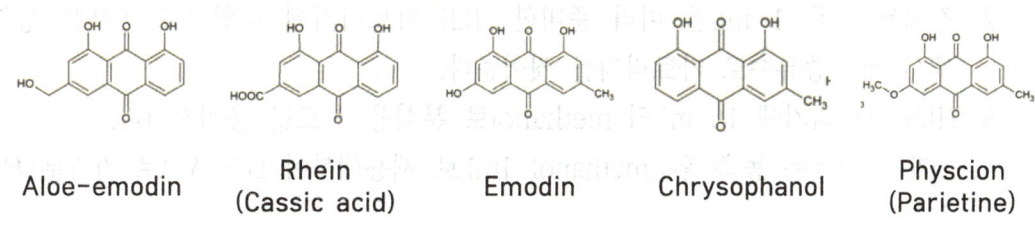

〈대황 주성분의 구조〉

3) 분석법

● 대황 추출물 함유 유기농업자재의 분석 전처리 과정

	대황 주성분 시험법	
Sample Preparation	Dilution with DW (100 to 500 fold)	
Sample Clean up	HLB SPE (60mg, 3cc) 1.Conditioning with MeOH 3mL 2.Equilibration with 0.1% Acetic acid in DW 1mL	
	Sample loading 1mL	
	Staying 5min	
	Washing with DW 1mL	
	Elution with MeOH 10mL	
	Concentration & Dissolution in MeOH 1mL	
Instrument	HPLC analysis	

〈시료의 조제〉

- 유기농업자재를 증류수로 100-500배 희석하여 정제용 시료를 준비한다.

〈시료의 정제〉

1. 정제에 사용할 HLB 카트리지(60 mg)를 3 mL methanol과 1 mL 0.1% acetic acid가 함유된 증류수로 씻어준다.
2. 정제용 시료 1 mL를 미리 준비한 HLB 카트리지에 주입하고, 5분간 정치 후 1 mL 증류수로 카트리지를 씻어준다.
3. HLB 카트리지에 10 mL의 methanol로 분석용 시료를 용리시킨다.
4. 정제된 시료는 농축 후, methanol 1mL로 재용해하여 LC-UVD로 기기분석을 실시한다.

● HPLC-UVD 기기분석조건

- C18 (250 mm × 4.6 mm, 5 μm) 혹은 이와 동급 컬럼을 사용하여 LC-UVD로 분석한다.

Instrument	HPLC-UVD		
Injection volume	20 μL		
Column	Luna 5u C18 (250 mm × 4.6 mm, 5 μm)		
Column Temperature	30℃		
Mobile phase	A : 0.1% Acetic acid in DW B : 0.1% Acetic acid in ACN		
Gradient	Time (min)	A (%)	B (%)
	0	70	30
	5	50	50
	10	50	50
	15	15	85
	22	15	85
	25	70	30
Running time	25 min		
Flow rate	1.0 mL/min		
Detection wavelength	430 nm		

● HPLC-UVD 분석을 통한 대황 추출물 주성분의 크로마토그램

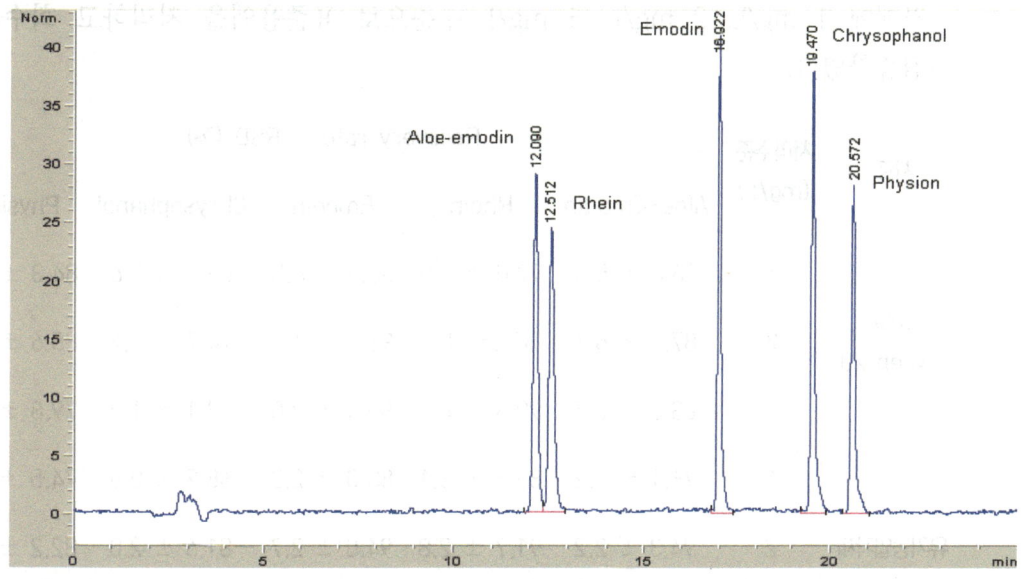

성분명	Aloe-emodin	Rhein	Emodin	Chrysophanol	Physcion
RT (min)	12.090	12.512	16.922	19.470	20.572

● 대황 주성분의 검량선
  - 대황 주성분 5종을 methanol에 녹여 표준용액을 제조하고, 0.2-10 mg/L로 희석한 후 LC-UVD로 분석하여 검량선을 작성한다.

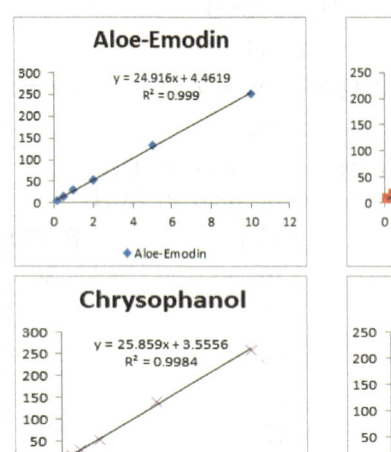
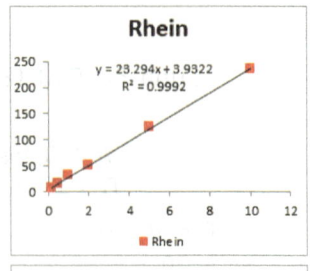
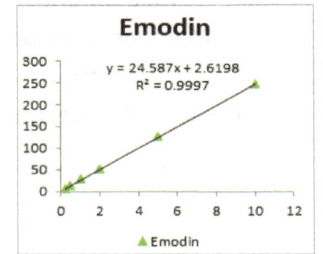
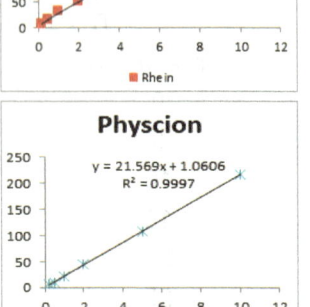

● 분석법의 검증
  - 증류수, 10% tween 20 용액, 대황 추출물이 함유되어 있지 않은 유기농업자재에 1 mg/L, 2 mg/L, 5 mg/L 수준으로 표준용액을 처리하고 회수율을 검증하였다.

시료	처리수준 (mg/L)	Recovery rate ± RSD (%)				
		Aloe-Emodin	Rhein	Emodin	Chrysophanol	Physion
10% Tween 20	1	86.6 ± 5.4	92.0 ± 9.9	85.9 ± 4.5	65.1 ± 3.6	84.3 ± 2.3
	2	87.3 ± 6.1	87.5 ± 1.1	93.4 ± 1.7	74.7 ± 1.2	85.6 ± 6.2
	5	88.8 ± 2.7	90.3 ± 4.7	89.4 ± 2.0	79.1 ± 1.2	79.8 ± 3.4
유기농업자재	1	76.1 ± 3.2	86.6 ± 3.1	83.0 ± 2.3	68.2 ± 0.5	74.5 ± 4.8
	2	94.3 ± 2.2	91.7 ± 2.8	94.0 ± 2.7	81.6 ± 2.0	82.2 ± 1.4
	5	93.3 ± 3.2	93.6 ± 2.7	93.2 ± 1.9	83.3 ± 4.0	83.9 ± 2.4

16 황련

1) 식물정보

　미나리아재비과(*Ranunculaceae*)에 속하는 여러해살이 초본식물인 황련(*Coptis Chinensis FRANCH*)의 뿌리의 약효성분은 베르베린(Berberine), 콥티신(Coptisine), 워레닌(Worenine), 팔마틴(Palmatine) 등이 알려져 있다. 맛은 쓰고 차다. 효능은 사화 작용이 있어서 일체의 열로 인한 질환에 탁월한 치료반응을 나타낸다. 이를테면 전염성 열병·장티프스 등에 해열효과가 현저하고, 열이 많아서 가슴이 타오르고 갈증이 나면서 번민이 심한 증상을 해소시킨다. 탕화상이나 화상에 효력을 보이는 것은 열을 내리면서 살균작용을 하므로 상처가 쉽게 치유되기 때문이다. 체내에 열이 쌓여서 안구충열이 되거나 혈압이 상승되는 증상을 치료한다. 뿐만아니라 결막염 등에 달인 물로 세척 하면 살균·해열 효과를 얻게 된다.

　소량을 복용하면 소화촉진 효과가 있고 위장에 염증이 있어서 가슴이 답답하고 배가 부르면서 머리가 아픈 증상을 치료하고 또한 신경과민으로 인한 가슴두근거림 증상을 해소시키는 데도 탁월한 효과가 있다. 열로 인한 구내염, 설염, 구각염에도 치유율이 높다. 여름에 유행하는 이질과 설사에도 이질균을 억제시키면서 설사를 그치게 하고, 폐결핵이나 토혈, 코피·대변 출혈을 그치게 하고 당뇨병에도 열을 띤 증상에 유효하며, 백일해와 인후염에도 효력이 있다. 살균작용이 현저하여 피부 감염증에 널리 활용된다.

　동물실험에서는 항균, 소염, 해열, 담즙 분비 촉진, 혈압하강 작용 등이 나타났다. 임상실험에서는 세균성이질·폐결핵·성홍열·디프테리아·폐농양·궤양성결장염·고혈압·홍역·위축성비염 등에 효력을 나타냈다. 1회 용량은 2~4g이며, 금기로는 위장기능 허약자로 소화장애·저혈압·설사 등에는 피해야 한다.

〈출처〉 한국민족문화대백과(한국학중앙연구원)

2) 주성분 정보

황련 추출물의 다량 함유성분 중 작물보호기능(항균, 살충, 제초)이 있는 성분을 중심으로 주성분을 선정하였다.

물질명	분자식 (분자량)	이화학적 성질	특성
Berberine	$C_{20}H_{18}ClNO_4$ (371.81)	- 노란색 고체 - 녹는점 145℃ - 물에 천천히 녹음	항균, 살충
Palmatine	$C_{21}H_{22}ClNO_4 \cdot xH_2O$ (387.86) (anhydrous basis)	- 밀도 1.23 g/cm^3	항균, 살충
Coptisine	$C_{19}H_{14}ClNO_4$ (355.77)	- 노란색 고체, 결정상 - 수용해도 5.283 mg/L - log Kow = 2.5	항균

Berberine   Palmatine   Coptisine

〈황련 유래 주성분의 구조〉

3) 분석법

- 황련 추출물 함유 유기농업자재의 분석 전처리 과정

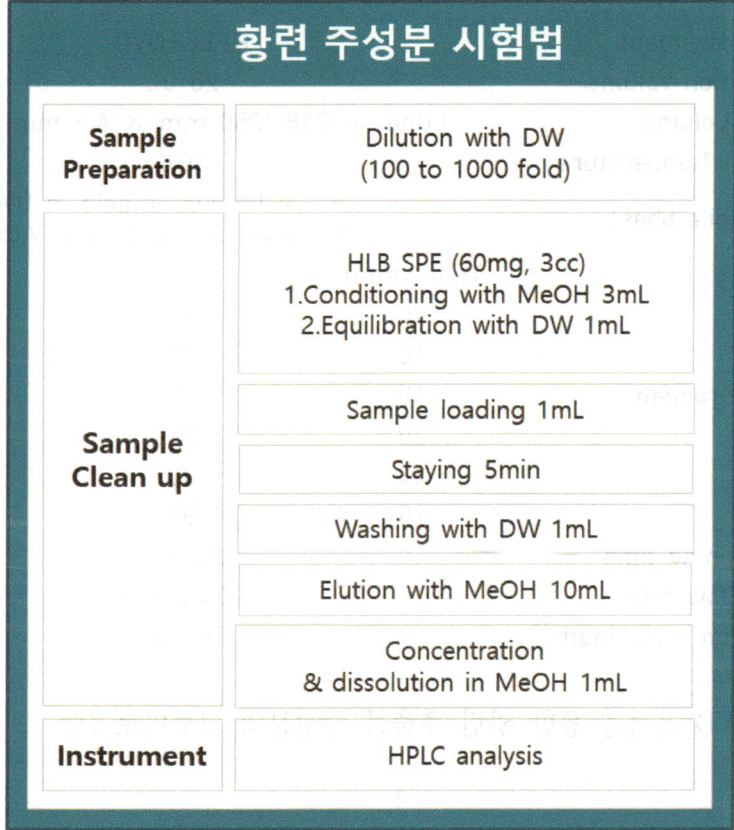

〈시료의 조제〉
- 유기농업자재를 증류수로 100-1000배 희석하여 정제용 시료를 준비한다.

〈시료의 정제〉
1. 정제에 사용할 HLB 카트리지(60 mg)를 3 mL methanol과 1 mL 증류수로 씻어준다.
2. 정제용 시료 1 mL를 미리 준비한 HLB 카트리지에 주입하고, 5분간 정치 후 1 mL 증류수로 카트리지를 씻어준다.
3. HLB 카트리지에 10 mL의 methanol로 분석용 시료를 용리시킨다.
4. 정제된 시료는 농축 후, methanol 1mL로 재용해하여 LC-UVD로 기기분석을 실시한다.

● HPLC-UVD 기기분석조건

- C18 (250 mm × 4.6 mm, 5 μm) 혹은 이와 동급 컬럼을 사용하여 LC-UVD로 분석한다.

Instrument	HPLC-UVD		
Injection volume	20 μL		
Column	Luna 5u C18 (250 mm × 4.6 mm, 5 μm)		
Column Temperature	30℃		
Mobile phase	A : 0.1% Acetic acid in DW B : 0.1% Acetic acid in ACN		
Gradient	Time (min)	A (%)	B (%)
	0	80	20
	10	70	30
	15	65	35
	20	20	80
	23	20	80
	25	80	20
Running time	25 min		
Flow rate	1.0 mL/min		
Detection wavelength	346 nm		

● HPLC-UVD 분석을 통한 황련 추출물 주성분의 크로마토그램

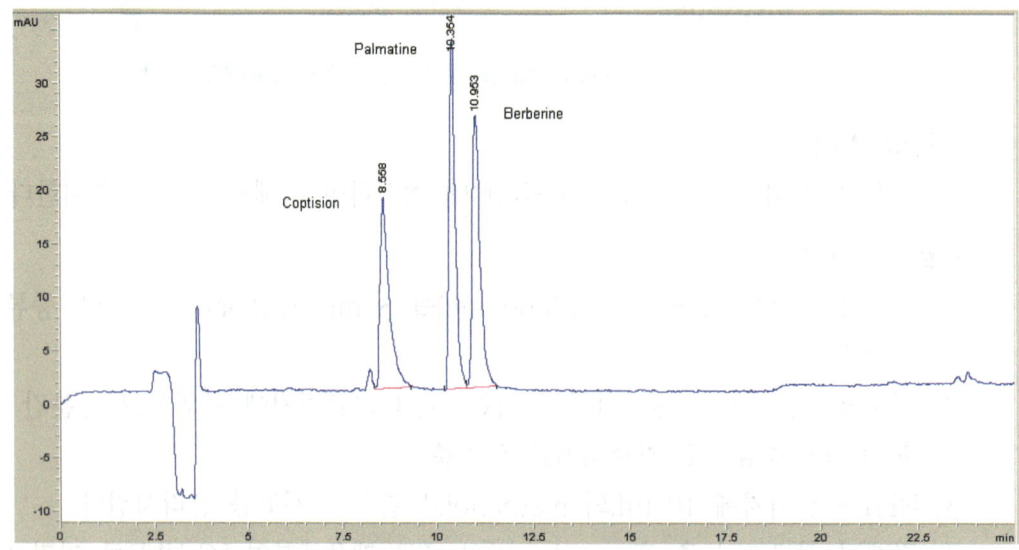

성분명	Coptisine	Palmatine	Berberine
RT (min)	8.558	10.354	10.953

● 황련 주성분의 검량선
- 황련 주성분 3종을 methanol에 녹여 표준용액을 제조하고 0.2-10 mg/L로 희석한 후 LC-UVD로 분석하여 검량선을 작성한다.

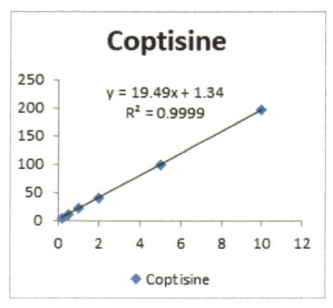 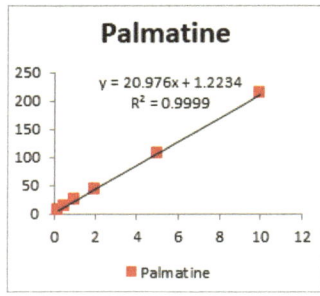 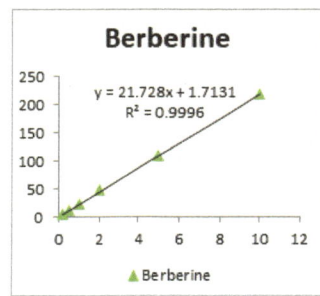

● 분석법의 검증
- 증류수, 0.1% tween 20 용액, 황련 추출물이 함유되어 있지 않은 유기농업자재에 1 mg/L, 5 mg/L 수준으로 표준용액을 처리하고 회수율을 검증하였다.

시료	처리수준 (mg/L)	Recovery rate ± RSD (%)		
		Coptisine	Palmatine	Berberine
DW	1	102.1 ± 14.2	92.4 ± 12.6	97.5 ± 18.8
	5	90.7 ± 3.5	94.1 ± 1.3	93.0 ± 1.2
0.1% Tween 20	1	91.3 ± 5.8	87.1 ± 0.0	86.3 ± 7.3
	5	87.7 ± 0.4	89.1 ± 0.8	89.0 ± 1.7
유기농업자재	1	93.0 ± 4.1	94.0 ± 1.8	93.5 ± 1.2
	5	93.2 ± 1.1	90.6 ± 1.2	90.7 ± 0.5

II

유기농업자재 주성분 안정성

1 님

1) 온도 안정성

- 주성분 : limonoid 4성분 (Azadiracthin A, B, salannin, deacetylsalannin)
- 대상 유기농업자재 제품 : 3종
- 시험온도 : 30℃, 35℃, 40℃, 45℃, 54℃

○ 님 추출물 함유 제품의 보관온도에 따른 주성분 안정성
- 시험에 사용된 유기농업자재 내 포함된 총 limonoid 함량이 2.5%이하였고, 이에 따라 유통기한 설정에 필요한 유효성분 허용범위는 85-115% 범위로 설정되었다.
- 16주까지 설정 온도별 보관 후 특별한 육안 변화가 관찰되지 않아 관능적 평가에서는 적합하였으나 54℃ 보관 후 1주에서는 평가대상 3종 모두 15% 이상 주성분 감소변화가 관찰되었다. 따라서 님 추출물을 활용한 유기농업자재의 주성분 안정성이 낮은 것으로 판단된다.
- 보관온도 및 제품별 분해 속도 k는 0.022-0.158로 확인되었으며, 이에 따른 반감기는 4.3주~31.5주로 예측되었다.

〈표〉 님 추출물 함유 유기농업자재 제품 중 주성분 15% 감소 소요기간

보관온도 (최소요구일수)	제품		
	A	B	C
30℃ (18주)	4주	2주	4주
35℃ (12주)	3주	2주	4주
40℃ (8주)	3주	1주	3주
45℃ (6주)	3주	1주	3주
54℃ (2주)	1주	1주	1주

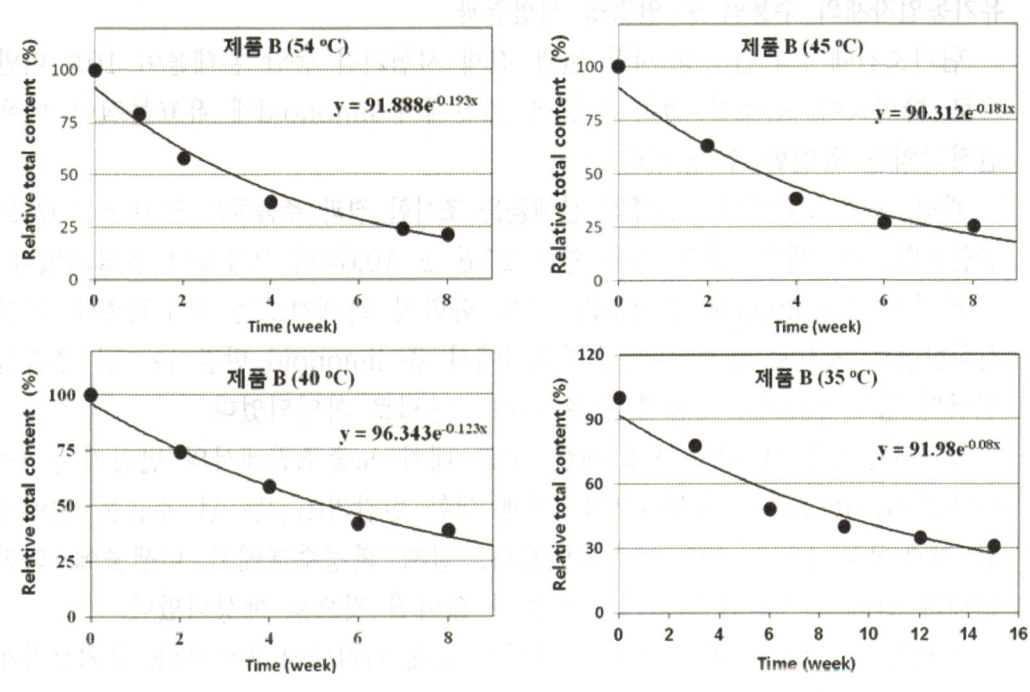

〈보관온도별 님 추출물 주성분의 감소율 평가결과〉

2) 수계노출 안정성

○ 유기농업자재의 수용액 중 안정성 시험방법

님 추출물 및 이를 함유하는 유기농업자재 2종에 대하여 주성분 4종의 안정성을 평가하였다. 시험은 호기조건과 혐기조건에서 각각 수행하였다.

혐기조건(탈산소 조건)의 안정성평가는 증류수 19 mL를 색유리병에 넣고, 질소를 1시간 동안 폭기하여 산소를 제거하였다. 이후 질소가 흐르는 상태에서 1 mL 시료를 넣은 뒤 밀폐하고, 150 rpm에서 교반하였다. 12주간 7일 간격으로 limonoid 4성분의 분해율을 조사하였다.

호기조건의 안정성평가 시험은 19 mL 증류수와 1 mL 시료를 섞은 갈색 유리병에 폭기 장치를 설치하고 200 mL/min의 유속으로 공기를 주입하면서 진행하였다. 이후 8주간 7일 간격으로 시료를 채취하여 주성분 4종을 분석하여 분해율을 조사하였다.

● 유기농업자재의 수용액 중 안정성 시험결과

혐기조건에서의 안정성 시험 결과 전체 시험기간 동안 분해율이 10% 미만으로 확인되어, 산소가 없는 수용액 조건에서 limonoid계 유효물질이 매우 안정적임을 확인할 수 있었다.

반면, 호기 조건에서는 12주간 분해율을 조사한 결과 추출물은 51.0 ± 7.6%로 관찰되었으며, 제품 2종의 경우 평균 27.6 ± 10.6%의 분해율이 관찰되었다.

따라서, limonoid계 주성분의 주요 화학적 분해경로는 산소접촉에 의한 산화반응일 것으로 추정된다. 호기조건에서 총 limonoid 반감기는 님 추출물 원액의 경우 86.6일, 제품의 경우 최대 173일로 확인되었다.

님 제품 2종 및 추출물에 대한 수중 대기 노출조건에서의 반감기는 1st Order equation을 이용하였으며, 이에 대한 반감기($t_{1/2}$)는 님 추출물 원액과 님 제품에서 12-24주로 예측되었으나, 실제 환경수계에서 미생물에 의한 분해가 함께 진행되면 반감기는 이보다 짧아질 것으로 예상되었다.

추출물 및 제품에 따른 반감기 차이는 크게 나타나지 않았으나, 유기농자재 제품의 반감기가 추출물 원액보다 길게 나타났다. 이는 Johnson과 Dureja (2002)의 주장과 같이 제품에 사용된 계면활성제 등 여러 보조성분 및 안정제 성분의 영향으로 추정된다.

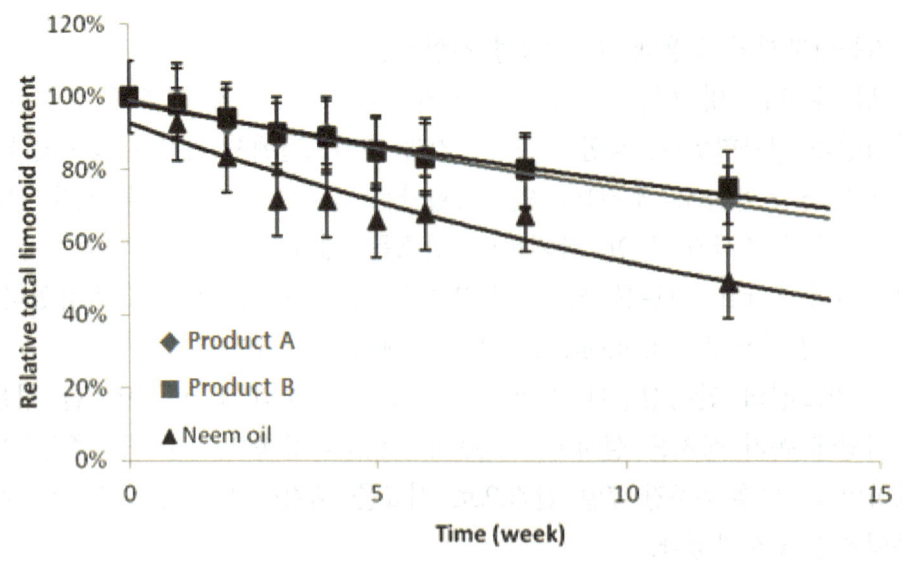

〈님 오일 함유 유기농자재의 limonoid 성분별 수중 분해도 조사결과〉

3) 토양 중 안정성

- **님 추출물 함유 제품의 토양환경 중 주성분 안정성 시험방법**

　님 추출물 및 이를 주성분으로 하는 유기농업자재 2종을 이용하여 주성분 4종의 토양 중 안정성을 평가하였다. 토양시료는 사양토를 그늘에서 건조시킨 후 2 mm 체로 쳐서 시험 전까지 냉암소에 보관하였다. 1 mL의 님 추출물과 유기농업자재 시료를 휘발성이 높은 10 mL acetone에 희석하여 미리 준비한 20 g의 건조토양에 분무하고, 1시간 동안 교반기로 섞어 주었다. 토양을 10 mm 이하의 두께로 펼친 후 실온의 암조건에서 안정성 시험을 실시하였다.

　또한, 함수토양에 대한 안전성평가 시험은 멸균되지 않은 20 g의 건조토양에 위와 동일한 방법으로 분무처리하고, 토양수분이 포장용수량의 60%가 되도록 증류수를 골고루 섞어주며 넣은 뒤, 72시간 동안 격렬하게 진탕하였다. 이후 실온의 암조건에서 덮개를 덮고 보관하며 7일 간격으로 유효성분 4종의 함량을 분석하여 안정성 시험을 진행하였다.

- **님 추출물 함유 제품의 토양환경 중 주성분 안정성**

　님 제품 2종 및 추출물에 대한 토양 건조조건에서 반감기는 1st Order equation식을 이용하여 산출하였다. 반감기($t_{1/2}$)는 님 제품과 추출물에서 유의적인 차이는 확인되지 않았고, 평균 반감기는 7.5 ± 0.5주로 확인되었다. 따라서, 토양 중 Dry-stress에 의한 님 추출물 중 limonoids 분해율은 제품과 추출물 원액에서 큰 차이를 나타내지 않았으며, 이러한 결과는 건조 조건에서 보조제 함유 여부가 limonoid계 주성분의 분해율에 큰 영향을 미치지 않음을 나타낸다.

　또한, 총 limonoid 분해 반감기가 추출물과 제품에서 46.9-52.5일 (k = 0.012-0.016)로 확인되어, 수중 호기조건의 분해율보다 약 2배 가량 높은 것으로 확인되었다. 이는 유효물질이 수중에 있을 때보다 토양 입자 표면에 넓게 분포함으로서, 산소 노출빈도 증가에 따른 산화 분해율 증가와 관련이 깊은 것으로 판단된다.

　함수토양에서 시험 결과, 건조토양과 동일하게 처리된 토양조건에서 함수율을 60%로 유지하면서 시간경과에 따른 총 limonoid 안정성을 평가하였다. 님 추출물 및 님 추출물 함유 유기농업자재에서 모두 주성분의 분해율이 매우 빠르게 관찰되었으며, 2주 후 60% 이상 토양에서 분해된 것으로 확인되었다. 함수토양 내 총 limonoid 반감기는 6.4-12.3일 (k = 0.056-0.107)로 확인되었으며, 님 추출물과 님 추출물 함유 유기농업자재 간 주성분의 분해양상은 큰 차이를 나타내지 않았으나, 반감기는 최대 약 2배가량 차이가 나타났다.

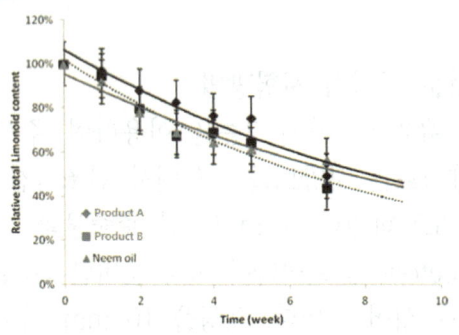
<건조토양 처리 시 주성분 안정성>

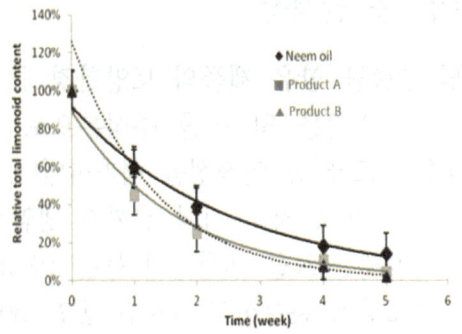
<함수토양 처리 시 주성분 안정성>

● 님 추출물 함유 제품의 함수 토양 내 일반세균 분포의 변화 관찰 시험

함수 토양 내 총 limonoid 안정성에 영향을 미치는 요인으로 토양 미생물의 생물학적 분해를 우선적으로 고려하여, 시험 토양 내 총 세균수 변화를 관찰하였다. 모든 시험 토양에서 시험기간 동안 6.0 log CFU/g soil이상의 일반세균수가 유지되는 것을 확인하였으며, 이는 님 추출물 및 유기농업자재에 의해 토양세균 생장이 방해 받지 않은 것으로 분석되었다. 특히, 제품 B 처리구에서는 2주 정도의 lag period 후 총 세균수 증가가 확인되었으며, 총 세균수 증가와 주성분 분해율 간 높은 상관성($r^2=0.8238$)이 확인되었다. 이에 따른 반감기도 6.4일로 가장 짧게 나타났다. 이러한 결과는 Stark와 Walter (1995)의 연구결과와 같이 토양 미생물의 활동이, 산소에 의한 화학적 산화작용과 더불어 limonoid 성분 분해 감소의 주요 요인으로 작용한 것으로 판단되었다. 또한, 주요 주성분이 서로 다른 제품 A와 B 간에 분해율이 유사하게 관찰됨에 따라 수계 및 토양 중 limonoids 성분별 안정성 차이는 크지 않은 것으로 판단된다.

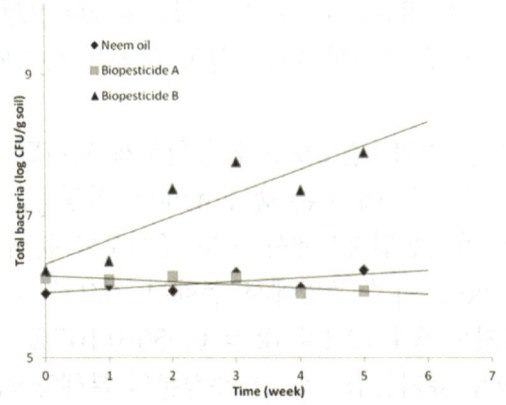
<님 추출물 함유 유기농업자재 처리 함수토양 내 총균수 변화 관찰결과>

2 고삼

1) 온도 안정성

- 주성분 : Matrines 2성분 (Matrine, oxymatrine)
- 대상 유기농업자재 제품 : 유기농업자재 3종 (제조사별 1종)
- 시험온도 : 30℃, 35℃, 40℃, 45℃, 54℃

○ 고삼 추출물 함유 제품의 보관온도에 따른 주성분 안정성

- 수집된 제품은 모두 16주까지 설정 온도별 보관 후 특별한 육안 변화가 관찰되지 않았다. 또한, 54℃ 2주 보관 시 평가대상 3종 모두 주성분 변화가 15% 미만으로 관찰되었다.
- 보관 온도별 분해 속도 k는 0.015-0.026으로 확인되었으며, 반감기는 보관 온도별 차이가 있으나 26주~69주로 예측되었다.

〈표〉 고삼 추출물 함유 유기농업자재 제품 중 주성분 15% 감소 소요기간

구분	제품		
	D	E	F
30℃	5주	6주	5주
35℃	3주	6주	3주
40℃	3주	6주	3주
45℃	3주	6주	3주
54℃	3주	6주	3주

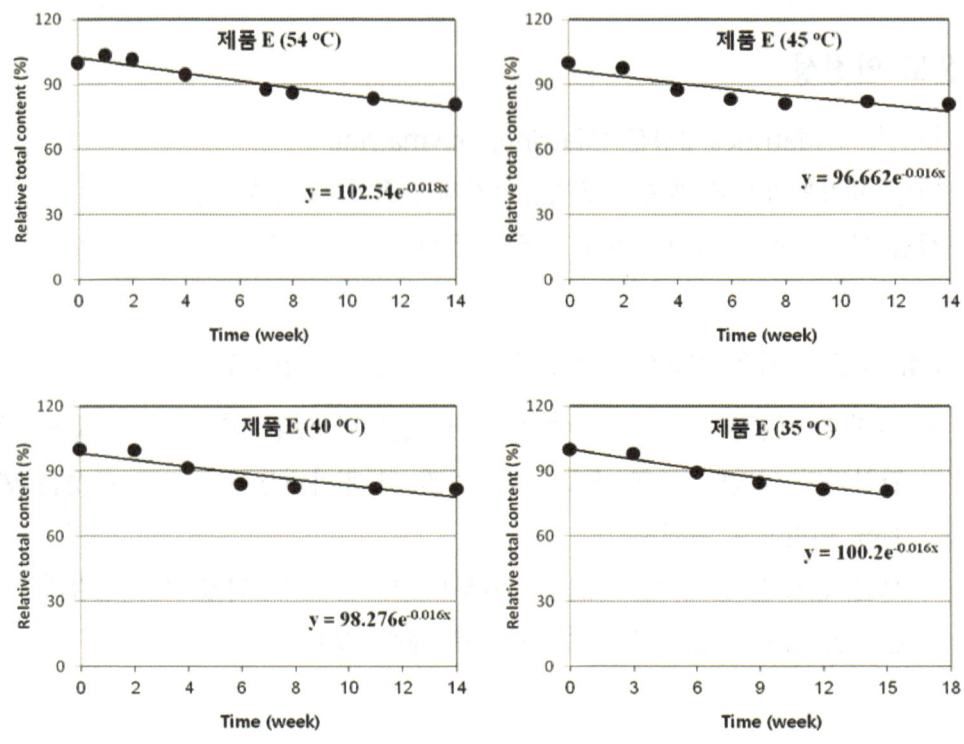

〈고삼 추출물 함유 유기농업자재 제품의 보관온도별 주성분 함량변화〉

2) 수계노출 안정성

고삼추출물과 이를 활용한 친환경농자재의 수중 분해도는 님을 활용한 수중안정성 시험과 동일하게 호기조건과 혐기조건을 설정하여 실내 암조건에서 시간경과에 따른 주성분의 분해도 평가를 통해 실시하였다.

● 고삼 추출물 함유 제품의 수중 주성분 안정성

시험결과 혐기조건에서는 6주간 실온, 암 조건에서 평가 시 고삼추출물과 이의 제품에서 모두 주성분 함량이 90% 이상으로 확인되어, 분해가 거의 진행되지 않음을 확인할 수 있었다. 호기조건에서는 12주간 실온, 암 조건에서 평가 시 고삼제품 중 주성분 함량이 제품별로 약간 차이를 나타내었으나 분해율이 님 제품에 비해서는 낮은 것으로 확인되었다.

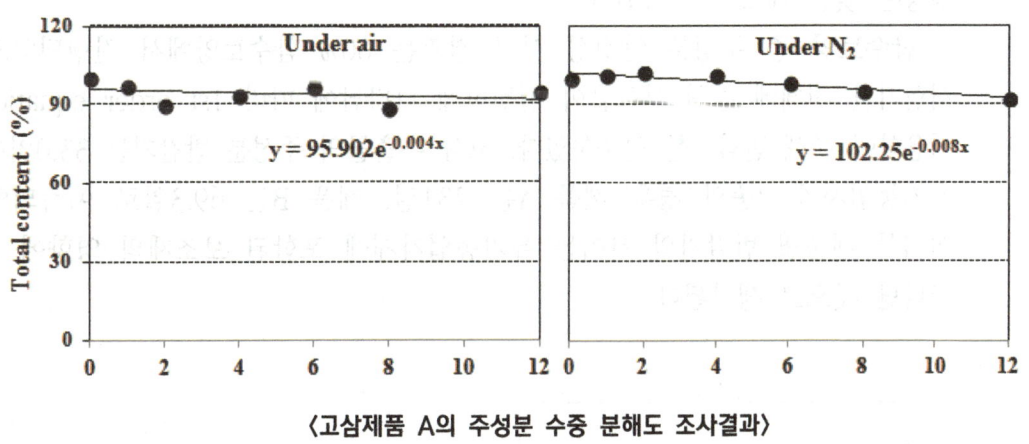

〈고삼제품 A의 주성분 수중 분해도 조사결과〉

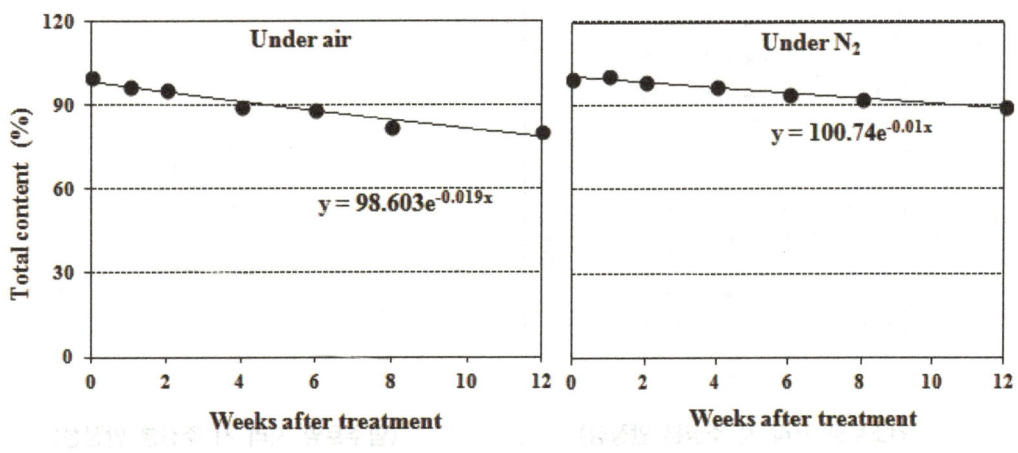

〈고삼제품 B의 주성분 수중 분해도 조사결과〉

3) 토양 중 안정성

○ 고삼 추출물 함유 제품의 토양 중 주성분 안정성

건조 토양에서 고삼 추출물의 분해상수 k 는 0.0804 ($t_{1/2}$ = 8.6일)이고, 제품 A와 B의 분해상수 k 는 각각 0.1275 ($t_{1/2}$ = 5.4일)와 0.1144 ($t_{1/2}$ = 6.0일)로 계산되어, 추출물과 유기농업자재 제품 간 반감기 차이가 크지 않았다. 수중 시험에서 보다 건조 토양에서 주성분의 반감기가 짧게 나타난 것은 토양광물에 의한 분해 촉매작용이 주요한 요인으로 고려되었다.

노출 후반기의 분해율이 급격히 감소하는 것은 고삼 추출물 등 처리된 유기물이 토양 표면에 견고한 피막을 형성하기 때문인 것으로 판단되었다. 또한 건조 조건에서는 토양 생물활동이 제한적이므로, 미생물 등 생물학적 요인에 의한 분해 영향은 낮은 것으로 생각된다.

함수토양 중 주성분 안정성 시험 결과는 60% 함수토양에서 진행되었으며, 시험기간 전체에 걸쳐 분해율이 일정하게 나타남에 따라 1st order equation을 이용하여 분해 반감기를 산출하였다. 고삼 추출물의 주성분 반감기는 33.0일이고, 유기농업자재 2종의 경우 제품 A는 231일, 제품 B는 69.3일로 예측되었다. 이러한 제품별 반감기의 차이는 유기농업자재에 포함된 보조제의 영향에 의해 나타난 것으로 생각된다.

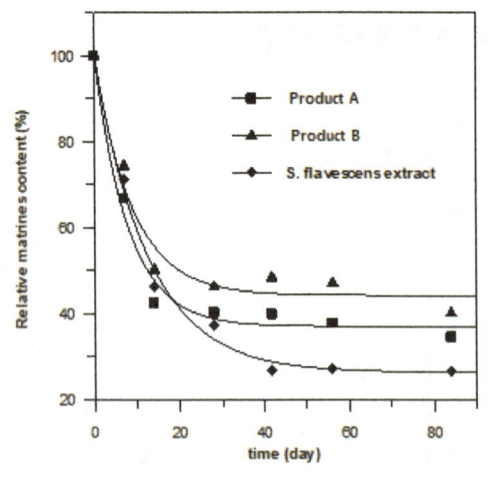

〈건조토양 처리 시 주성분 안정성〉

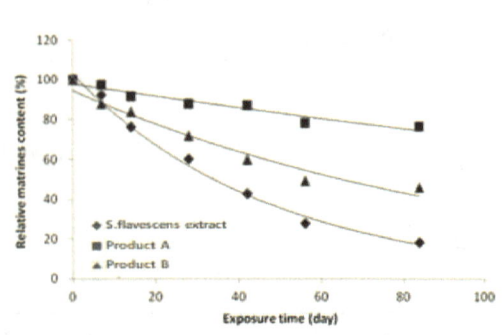

〈함수토양 처리 시 주성분 안정성〉

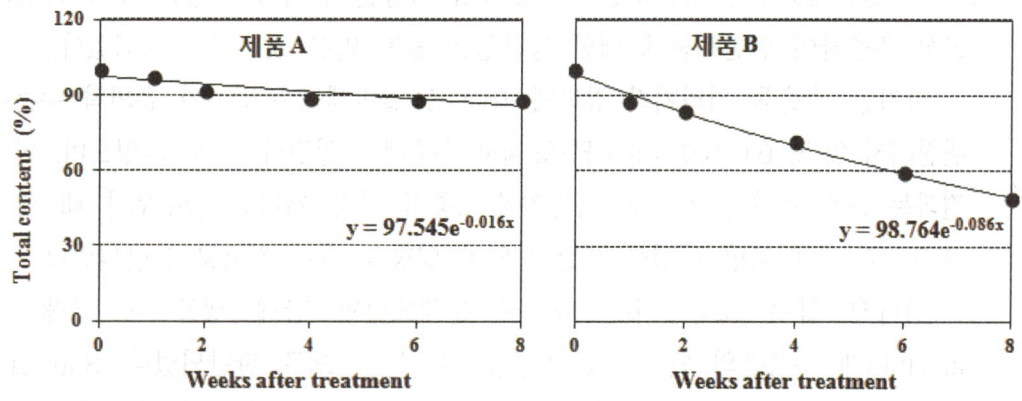

〈고삼추출물 함유 유기농업자재 제품의 토양환경 중 주성분 분해율 조사결과〉

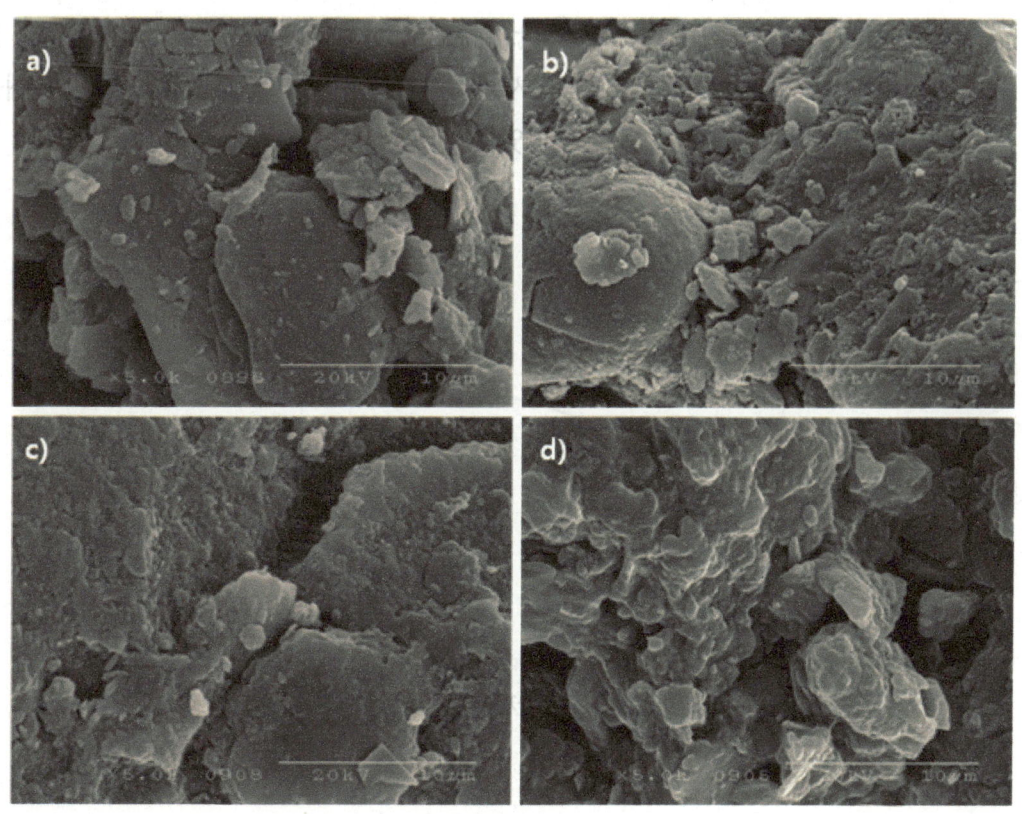

〈유기농업자재 처리에 따른 건조토양 표면 변화관찰도〉

고삼 추출물 함유 제품의 함수 토양 내 일반세균 분포의 변화 관찰 시험

총 일반세균수가 6.0 log CFU/g soil 이상을 유지하고 있는 것이 확인되어 고삼 추출물이 일반세균에 대한 항균성은 높지 않은 것으로 사료되었다.

하지만, 추출물 처리기간 경과에 따라 총 일반세균수 증가가 유의적 수준에서 관찰되지 않고, 6.0-8.0 log CFU/g soil 수준에서 일정하게 유지되었으며, 이러한 결과는 고삼 추출물 및 유기농업자재 2종이 각각 처리된 함수토양 내 영양원 부족으로 인해 토양 미생물 생장이 일부 영향을 받는 것으로 판단되었다.

따라서 함수 토양에서는 화학적 분해요인과 함께 생물학적 분해요인이 alkaloid계 주성분의 안정성에 영향을 미치는 것으로 판단되었다. Sun et al. (2010)이 보고한 matrines 반감기(6.70 - 9.18일) 결과에서 볼 수 있듯이, 실제 농업 환경에서의 추출물 중 matrine 반감기는 본 연구에서 고려되지 못한 토양 생물, 태양광 등의 다양한 환경요인으로 인해 본 시험에서 도출된 유효성분 반감기 보다 짧을 것으로 기대되었다. 또한, matrine과 oxymatrine의 성분별 토양 노출 안정성 시험결과는 수중 노출 시험 결과와 같이 oxymatrine의 분해율이 matrine 분해율 보다 높게 관찰되었다.

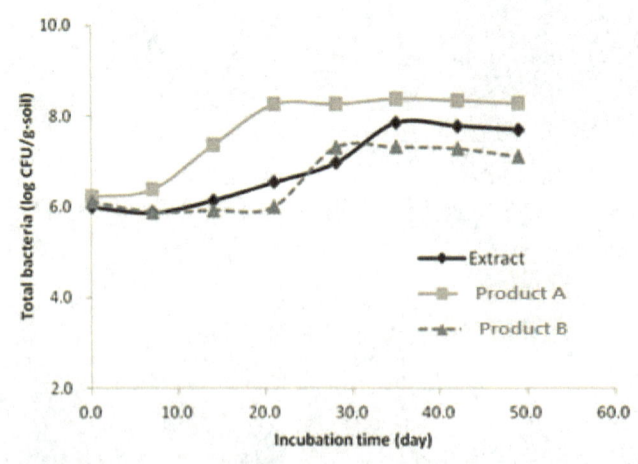

〈고삼추출물 및 이의 유기농자재를 함수토양 처리 후 총균수 변화〉

계피

- 주성분 : cinnamaldehyde, cinnamyl alcohol
- 대상 유기농업자재 제품 : 4종 (고상제품 2종, 액상제품 2종)
- 시험온도 : 0℃, 23℃(실온), 35℃, 45℃, 54℃

○ 계피 추출물 함유 제품의 보관온도에 따른 주성분 안정성

- 고상 제품 2종과 액상 제품 2종의 온도에 따른 주성분 변화를 조사한 결과 고상 제품은 액상 제품보다 주성분의 감소 속도가 느린 것으로 나타났다.
- 고상제품 2종의 반감기는 13.9~46.2일이었으나, 액상제품의 반감기는 3.2~13.1로 나타났다.
- 제품 C의 경우 온도별 차이는 나타나지 않았으나 제품 A, B D의 경우 온도가 올라감에 따라 주성분의 감소 속도가 빨라졌다.

〈표〉 계피 추출물 함유 유기농업자재 제품 중 주성분의 반감기

구분		반감기(일)				
		0℃	23℃	35℃	45℃	54℃
고상	제품 A	40.8	21.7	13.9	13.9	15.1
	제품 B	46.2	38.5	34.7	21.7	21.7
액상	제품 C	8.5	10.5	11.7	13.1	10
	제품 D	7.4	7.1	7.3	4.7	3.2

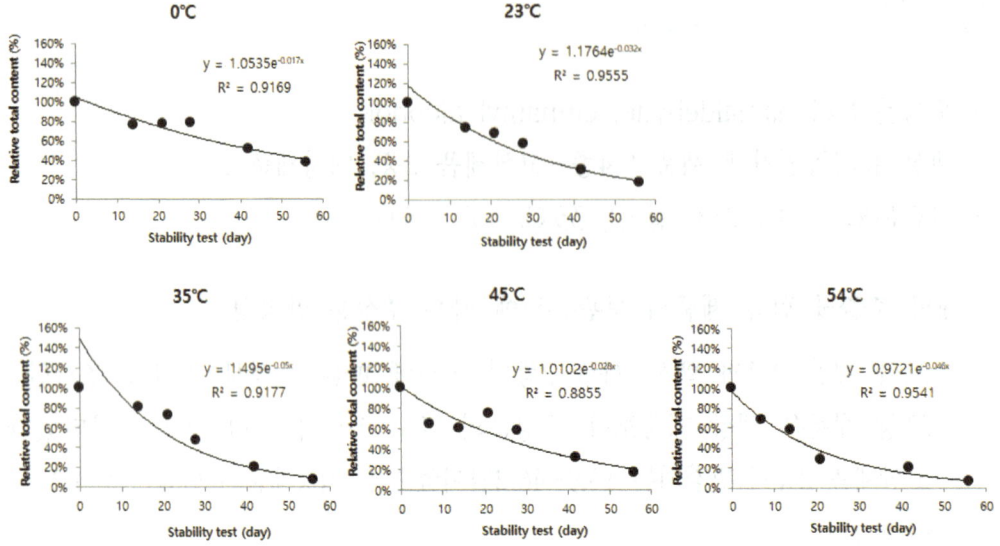

〈제품 A 중 계피 주성분의 함량 변화〉

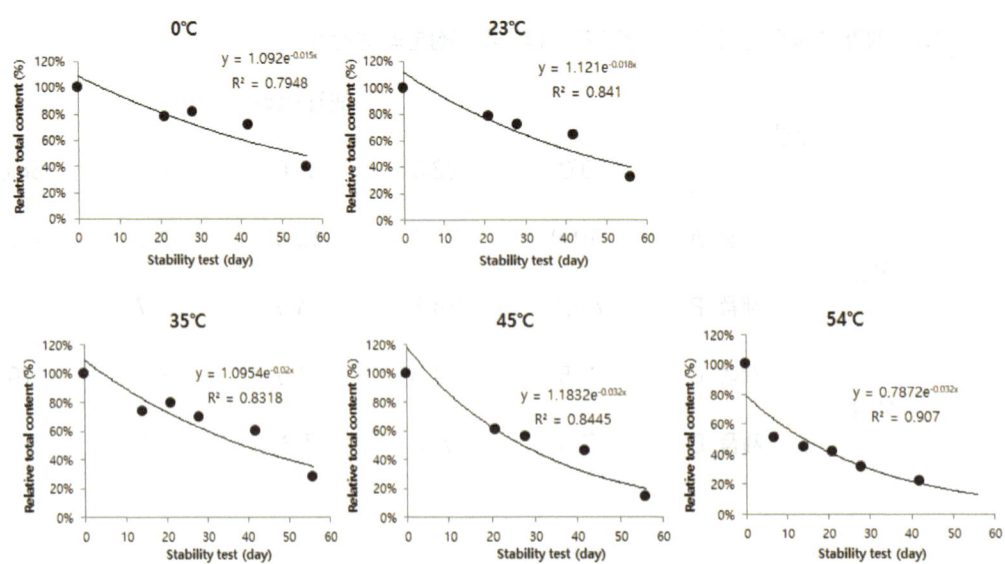

〈제품 B 중 계피 주성분의 함량 변화〉

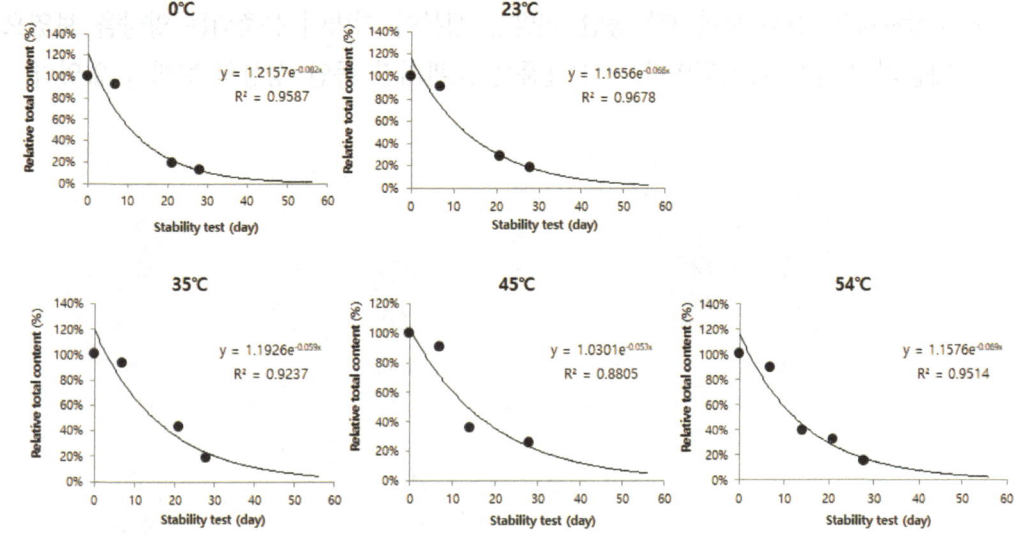

〈제품 C 중 계피 주성분의 함량 변화〉

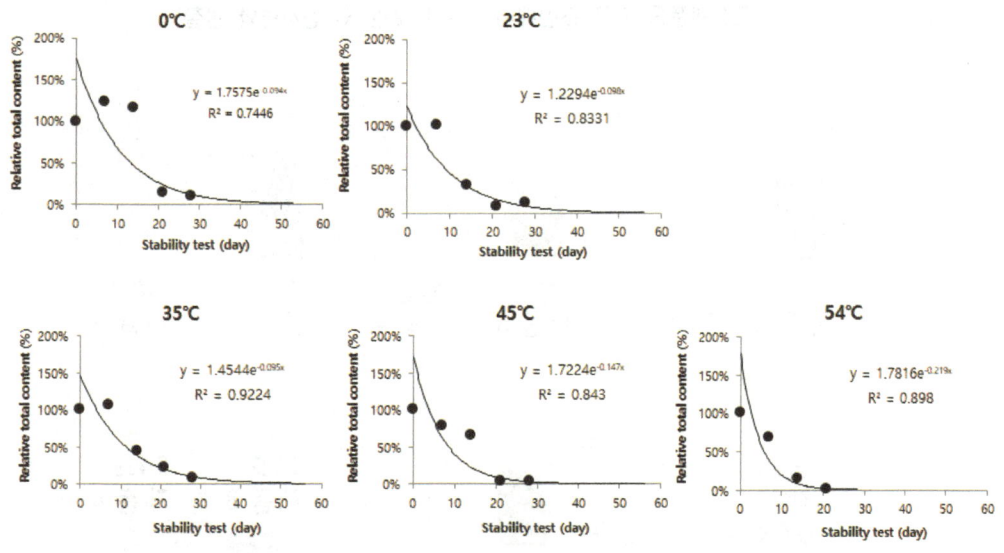

〈제품 D 중 계피 주성분의 함량 변화〉

○ **계피 추출물 함유 제품의 보관온도에 따른 물리적 성상 변화**
  - 고상제품의 경우 보관기간 동안 휘발성 성분이 기벽에 응축되는 양상을 보였으나 제품의 성상은 유지되었다. 액상제품은 보관기간 동안 성상의 변화가 없었다.

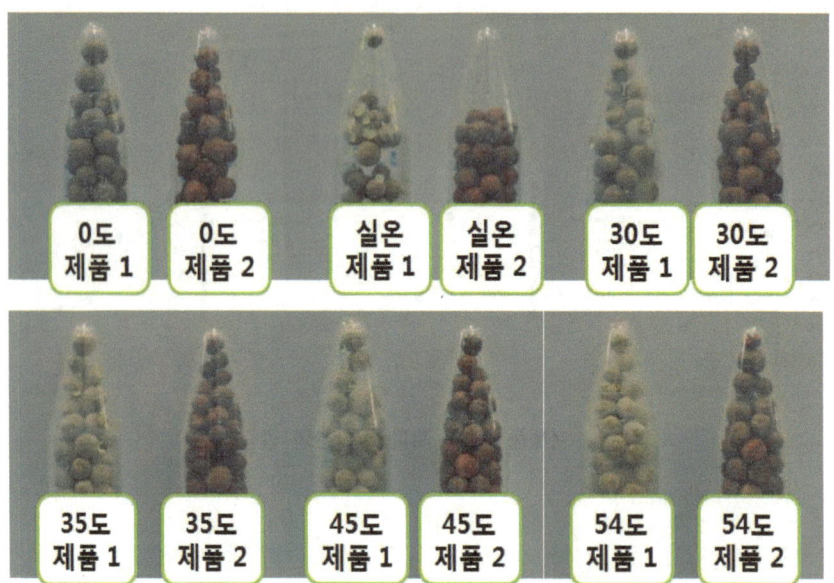

〈고상제품을 가온 조건에서 4주간 보관 후 경시변화 관찰〉

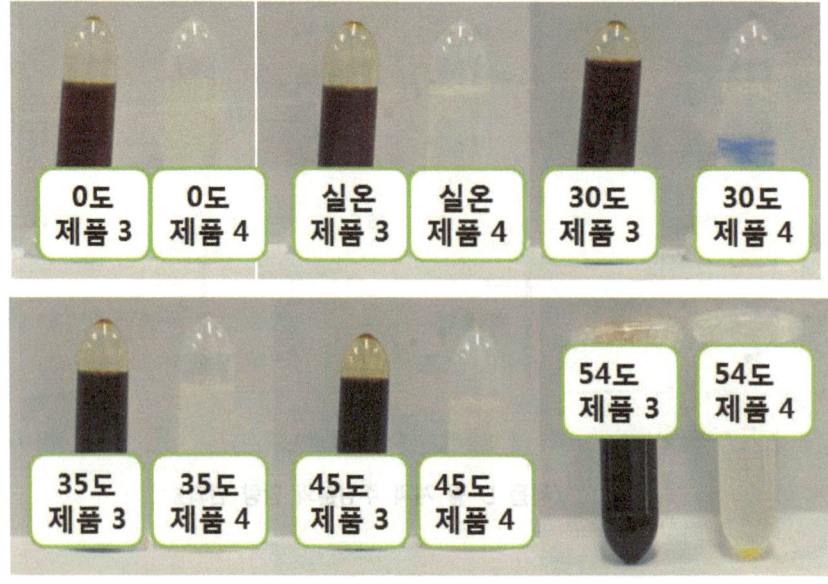

〈액상제품을 가온 조건에서 4주간 보관 후 경시변화 관찰〉

4 데리스

- 주성분 : Rotenone, Deguelin
- 대상 유기농업자재 제품 : 3종
- 시험온도 : 0℃, 23℃(실온), 35℃, 45℃, 54℃

○ 데리스 추출물 함유 제품의 보관온도에 따른 주성분 안정성

- 유기농업자재 3종을 온도조건에 따라 최대 24주 동안 주성분 2종의 감소율을 조사한 결과 반감기는 1.5일~192.5일로 나타났으며 제품에 따라 큰 차이가 나타났다. 보관온도가 올라감에 따라 유효성분의 반감기가 짧아짐을 확인할 수 있었다.
- 유기농업자재 제품C를 개봉하지 않은 상태와 개봉하여 작은 밀폐용기에 나눠 담은 상태로 같은 온도(45℃)에 보관하여 주성분 2종(Rotenone, Deguelin)의 총 함량을 분석하여 감소율과 반감기를 조사하였다. 그 결과 개봉하여 밀폐 보관한 경우 반감기가 6.6일이었으나 개봉하지 않은 경우 반감기가 256.7일로 나타났다.

〈표〉 데리스 추출물 함유 유기농업자재 제품 중 주성분의 반감기 (단위 : 일)

구분		반감기(일)				
		0℃	23℃	35℃	45℃	54℃
액상	제품 A	24.8	6.7	2.9	6.7	1.5
	제품 B	46.2	173.3	31.5	13.3	14.7
	제품 C	99.0	57.8	86.6	24.8	8.8

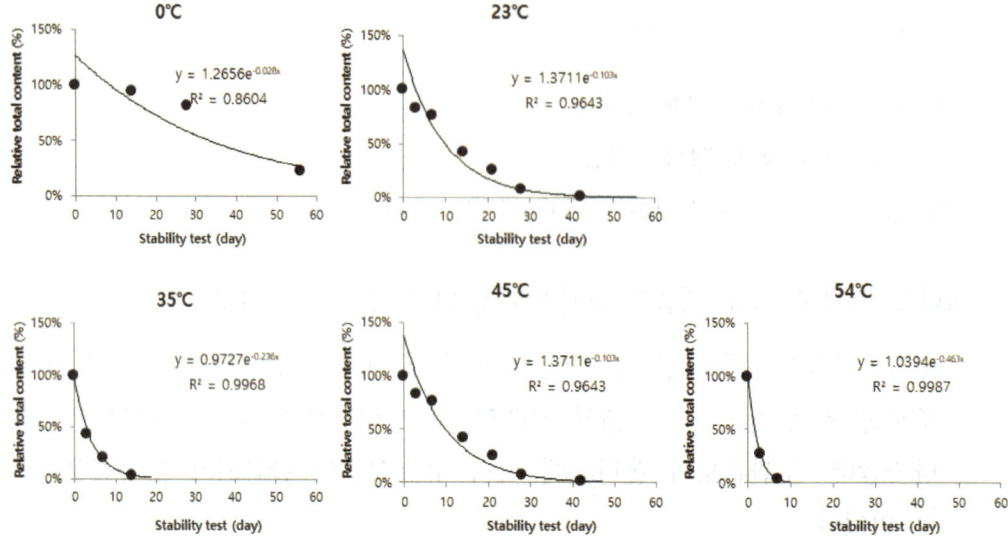

<제품 A 중 데리스 주성분의 함량 변화>

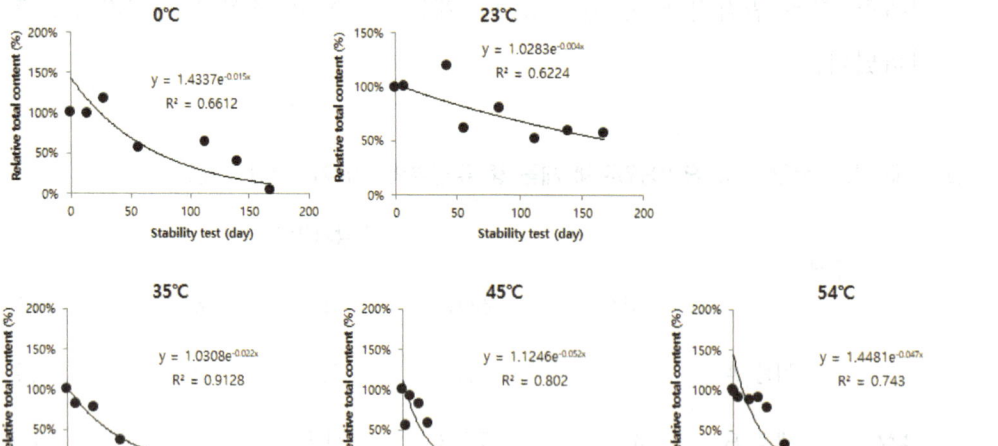

<제품 B 중 데리스 주성분의 함량 변화>

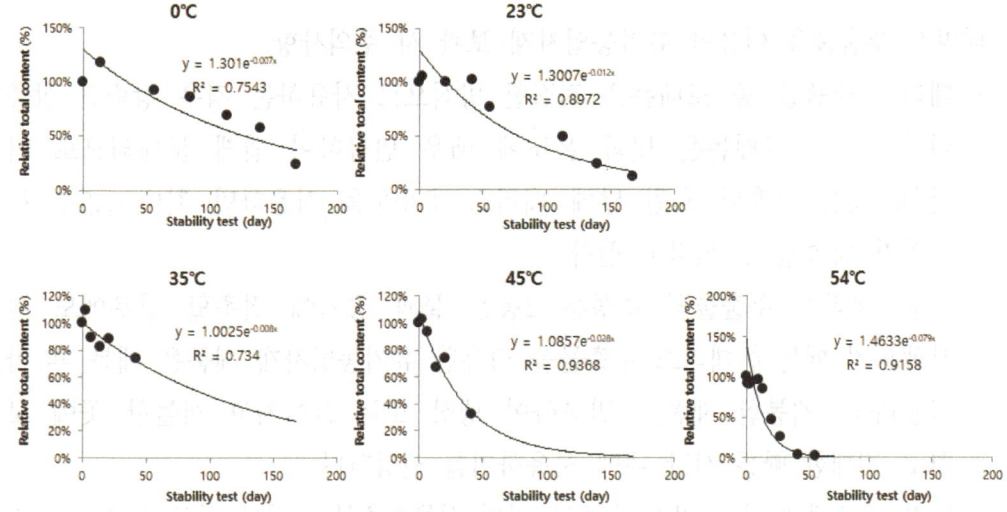

〈제품 C 중 데리스 주성분의 함량 변화〉

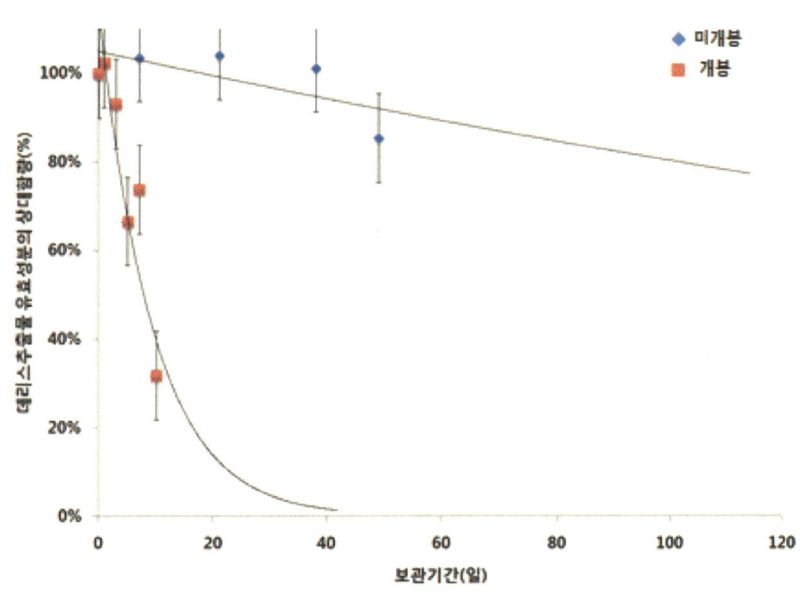

〈데리스 추출물 함유 유기농업자재의 개봉여부에 따른 유효성분의 감소율〉

○ 데리스 추출물을 이용한 유기농업자재 보관 시 주의사항
  - 데리스 추출물 중 로테논은 적절한 방식으로 사용하는 경우 강력한 살충제이다. 반면, 로테논은 빛과 온도에 매우 민감하여 쉽게 분해되므로 이른 아침, 늦은 오후나 흐린 날에 데리스 추출물을 사용하면 최대 1.5주 동안 효과가 지속될 수 있다고 한다.
  - 또한 데리스 추출물의 주성분 2종은 물과 공기에 접촉할 경우에도 빨리 분해되기 때문에 데리스 추출물을 함유한 유기농업자재 제품은 개봉 후 바로 사용하고, 개봉한 제품은 밀봉하여 냉장 또는 그늘지고 서늘한 곳에 보관하고 최대한 빠른 시간 내에 사용하기를 권장한다.
  - 한편 제품에 따라 데리스 추출물 외의 식물추출물이 함께 사용된 경우도 있어 제품 자체의 효과가 완전히 없어진다고는 단정할 수 없다. 이와 같은 주의사항을 참고하여 농가에서는 데리스 추출물이 함유된 유기농업자재 이용 시 제조일을 확인하여 빠른 시간 내에 사용하여야 한다

5 피마자

- 주성분 : ricinoleic acid, ricinine
- 대상 유기농업자재 제품 : 2종
- 시험온도 : 0℃, 23℃(실온), 30℃, 40℃, 54℃

1) ricinoleic acid

○ 피마자 추출물 함유 제품의 보관온도에 따른 주성분 ricinoleic acid 안정성

- 유기농업자재 2종과 피마자유 원료를 온도조건에 따라 최대 약 9주 동안 주성분 ricinoleic acid의 감소율을 조사한 결과 반감기는 3.7주(25.7일) 이상이었고, 제품 B는 실온과 저온에 보관 시 함량 변화가 거의 없는 것으로 나타났다.
- 제품에 따라 반감기의 큰 차이가 났으며 보관 온도가 올라감에 따라 주성분의 반감기가 짧아짐을 확인하였다.

〈표〉 피마자 추출물 함유 유기농업자재 제품 중 주성분 ricinoleic acid의 반감기

구분		반감기(일)				
		0℃	23℃	30℃	40℃	54℃
액상	제품 A	30.1	31.5	28.9	33.0	28.9
	제품 B	안정적	안정적	53.3	25.7	30.1

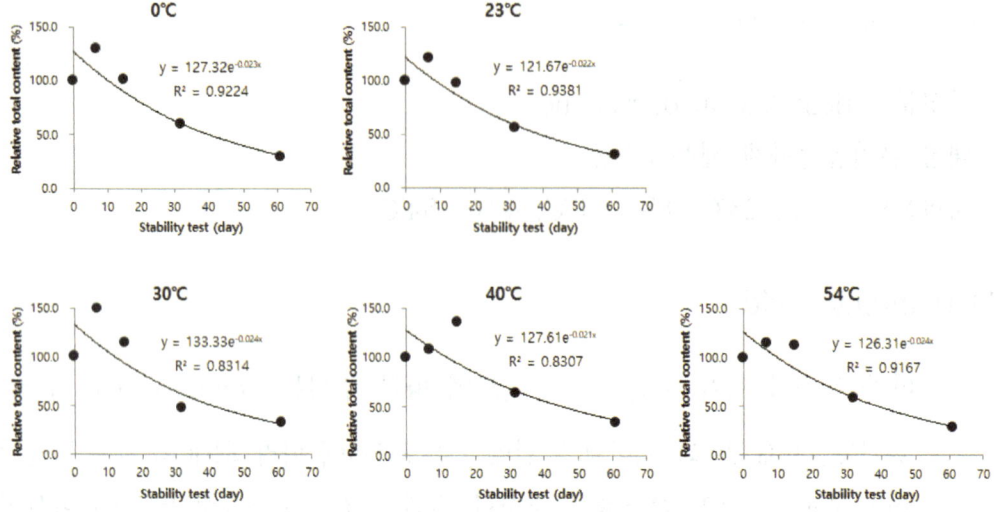

〈제품 A 중 ricinine의 함량 변화〉

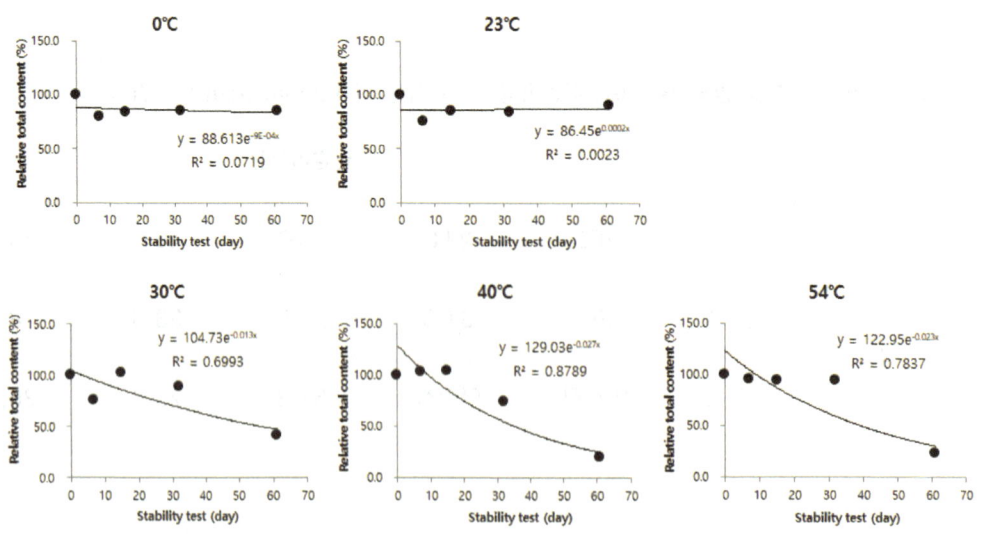

〈제품 B 중 ricinine의 함량 변화〉

2) ricinine

○ 피마자 추출물 함유 제품의 보관온도에 따른 주성분 ricinine 안정성
- 유기농업자재 2종을 온도조건에 따라 5주 동안 주성분 ricinine의 감소율을 조사한 결과 반감기는 약 1주~4.5주로 나타났으며 제품에 따라 차이가 나타났다. 또한 보관 온도가 올라감에 따라 유효성분의 반감기가 짧아졌다.

〈표〉 피마자 추출물 함유 유기농업자재 제품의 주성분 ricinine의 반감기 (단위 : 일)

	0℃	실온(23℃)	30℃	40℃	45℃	54℃
제품 A	17.8	31.5	27.7	23.9	10.8	14.1
제품 B	7.9	7.7	10.5	6.3	6.3	10.5

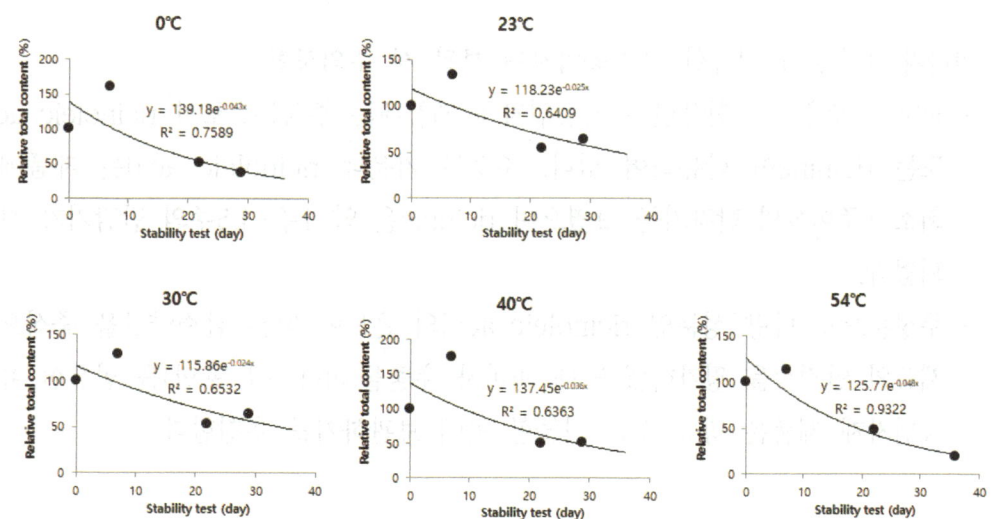

〈제품 A 중 ricinine의 함량 변화〉

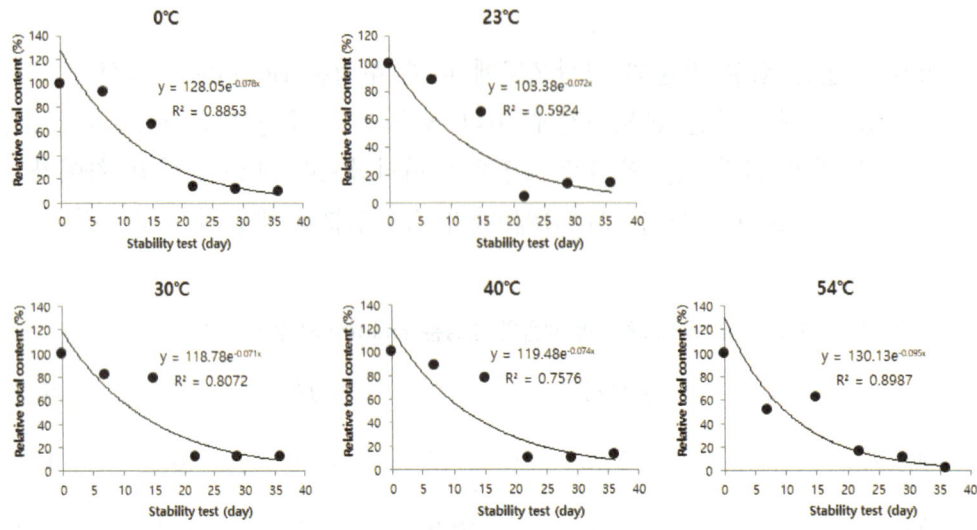

〈제품 B 중 ricinine의 함량 변화〉

- 피마자 추출물을 이용한 유기농업자재 보관 시 주의사항
  - 피마자 추출물을 함유한 유기농업자재 제품에는 주성분으로서 ricinoleic acid 또는 ricinine이 함유되어 있다. 주성분 가운데 ricinoleic acid는 제품에서 최소 3주이상의 반감기를 보였으며 ricinine은 약 1주~4.5주의 반감기가 산출되었다.
  - 주성분으로 다량 성분인 ricinoleic acid의 온도에 따른 감소양상을 중심으로 제품의 안정성을 평가하였을 때 피마자 추출물(피마자유 포함)을 함유한 유기농업자재 제품은 냉장 또는 서늘한 곳에 보관하기를 추천한다.

6 정향

- 주성분 : eugenol, α-humulene
- 대상 유기농업자재 제품 : 2종 (고상제품 1, 액상제품1)
- 시험온도 : 4℃(냉장), 25℃(실온), 35℃, 45℃, 54℃

○ 정향 추출물 함유 제품의 보관온도에 따른 주성분 안정성

- 제품 A(액상)과 제품 B(고상)의 온도에 따른 주성분 변화를 조사한 결과 액상 제품은 고상제품보다 주성분의 감소 속도가 빠른 것으로 나타났다.
- 제품 A의 반감기는 5.4~8.8일로 나타났으며, 제품 B의 경우 35℃ 이하에서는 안정적이었다.
- 제품 2종 모두 54℃에서는 반감기가 급격히 짧아지는 것으로 나타났다.

〈표〉 정향 추출물 함유 유기농업자재 제품 중 주성분 반감기

구분		반감기(일)				
		4℃	25℃	35℃	45℃	54℃
액상	제품 A	8.8	8.6	7.1	6.5	5.4
고상	제품 B	안정적	안정적	안정적	49.5	3.1

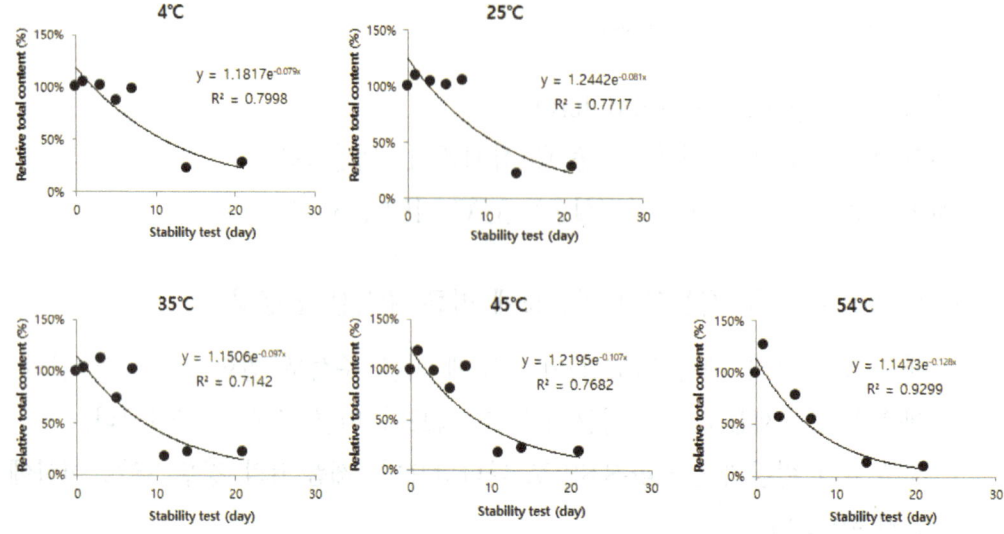

〈제품 A 중 정향 주성분의 함량 변화〉

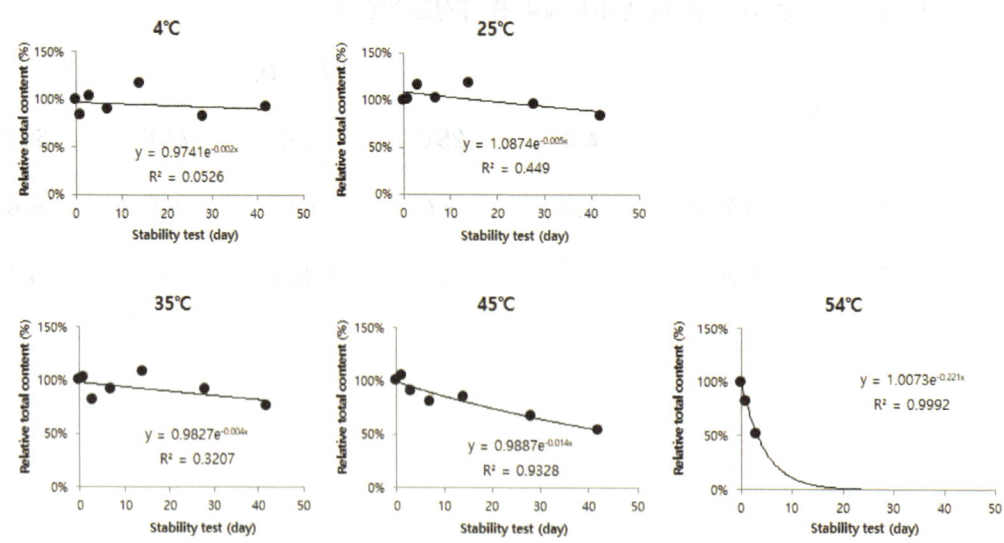

〈제품 B 중 정향 주성분의 함량 변화〉

7 잣나무

- 주성분 : α-Pinene, β-Pinene, Limonene
- 대상 유기농업자재 제품 : 3종
- 시험온도 : 4℃(냉장), 25℃(실온), 35℃, 45℃, 54℃

○ 잣나무 추출물 함유 제품의 보관온도에 따른 주성분 안정성

- 액상제품 A, B는 온도 조건이 올라감에 따라 감소하는 경향이 커져 54℃ 조건에서는 반감기가 α-pinene이 1.4~1.9일, limonene이 0.8~2.2일로 매우 짧은 시간 내에 함량이 감소하는 양상을 보였다.
- 고상제품 C는 개봉 후 7일 내에 성상이 변하는 것을 육안으로 확인할 수 있었고, 다른 온도 조건에서는 반감기가 α-pinene이 5.5~7.1일, limonene이 5.4~7.7일이며 54℃조건에서는 두 주성분의 반감기가 0.9~1.0일로 7일 이내에 함량이 10% 이하로 떨어졌다.
- 잣나무 주성분 전체의 반감기는 0.3~34.7일로 나타났으며, 54℃에서는 0.5일 이하로 안정성이 매우 낮았다.
- 이를 통해 유기농업자재 제품 중 잣나무 추출물의 함유량과 제품의 성상에 따라 주성분의 지속기간이 차이를 보였고, 열에 대한 안정성이 상당히 낮음을 확인할 수 있었다.

〈표〉 잣나무 추출물 함유 유기농업자재 제품 중 주성분의 반감기

구분		반감기(일)				
		4℃	25℃	35℃	45℃	54℃
액상	제품 A	15.1	6.9	7.6	5.5	0.3
액상	제품 B	28.9	14.7	10.7	4.0	0.5
고상	제품 C	34.7	24.8	10.7	6.4	0.5

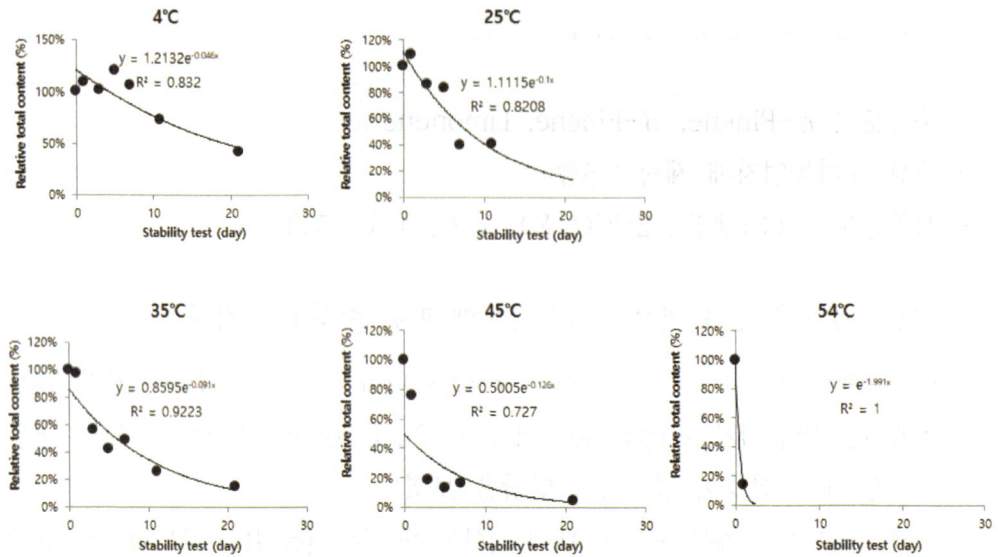

〈제품 A 중 잣나무 주성분의 함량 변화〉

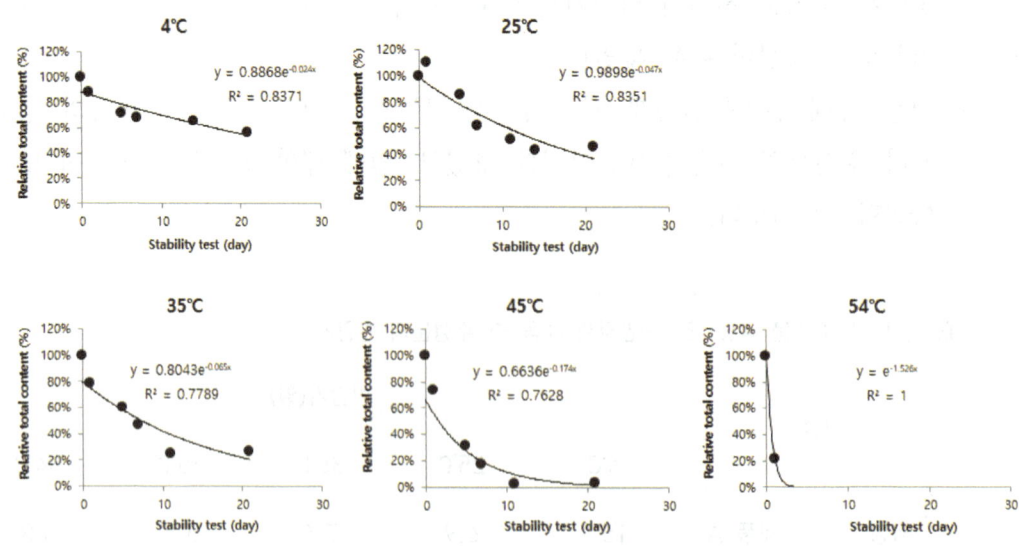

〈제품 B 중 잣나무 주성분의 함량 변화〉

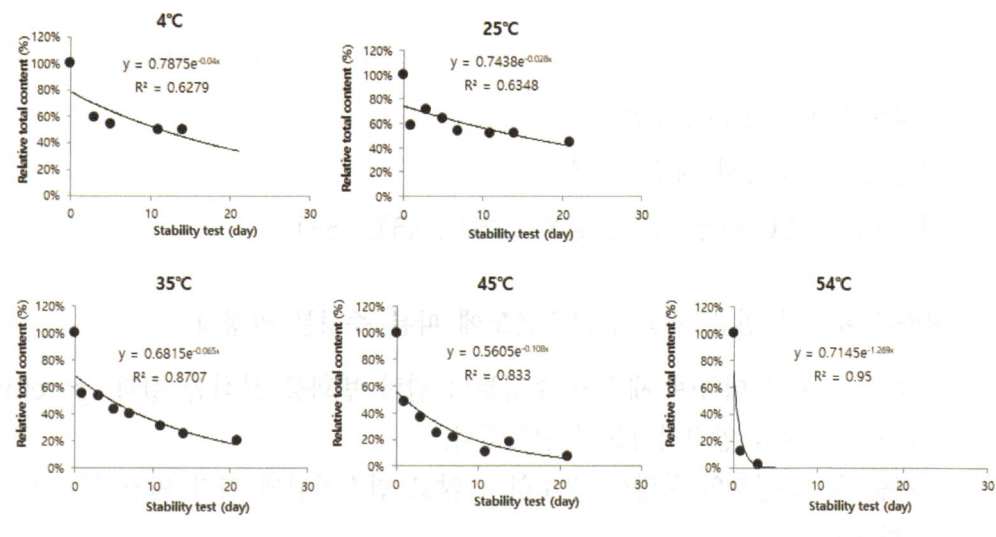

〈제품 C 중 잣나무 주성분의 함량 변화〉

○ 잣나무 추출물 함유 유기농업자재 보관 시 주의사항

- 54℃에서 3개 제품 모두 1일 후 주성분 함량이 30% 이하로 감소하였다. 4℃부터 45℃까지 보관온도에서는 반감기가 4일-34.7일로 나타났다. 3개 주성분은 휘발성이 높은 성분으로 제품을 개봉하면 즉시 감소하기 시작하며 54℃에 보관할 경우 하루 이내에 주성분이 대부분 휘발되므로 제품 보관 시 주의가 필요하다.

8 제충국

- 주성분 : pyrethrin계 6종
- 대상 유기농업자재 제품 : 2종
- 시험온도 : 4℃(냉장), 25℃(실온), 35℃, 45℃, 54℃

○ 제충국 추출물 함유 제품의 보관온도에 따른 주성분 안정성

- 제품 A, B에 대하여 제충국 주성분의 함량 변화를 분석한 결과, pyrethrin류 6종은 비교적 안정적임을 확인하였다.
- 제품 중 주성분의 함량이 감소하지 않고 안정적임에 따라 반감기는 산출하지 않았다.
- 제품 및 보관온도에 따라서 안정성의 차이는 나타나지 않았다.
- 2개 제품 모두 가속온도에서도 6주까지 관리상하한 함량 기준을 만족하므로 제충국 주성분 pyrethrin계는 유기농업자재 제품 중에서 매우 안정한 것으로 확인되었다.

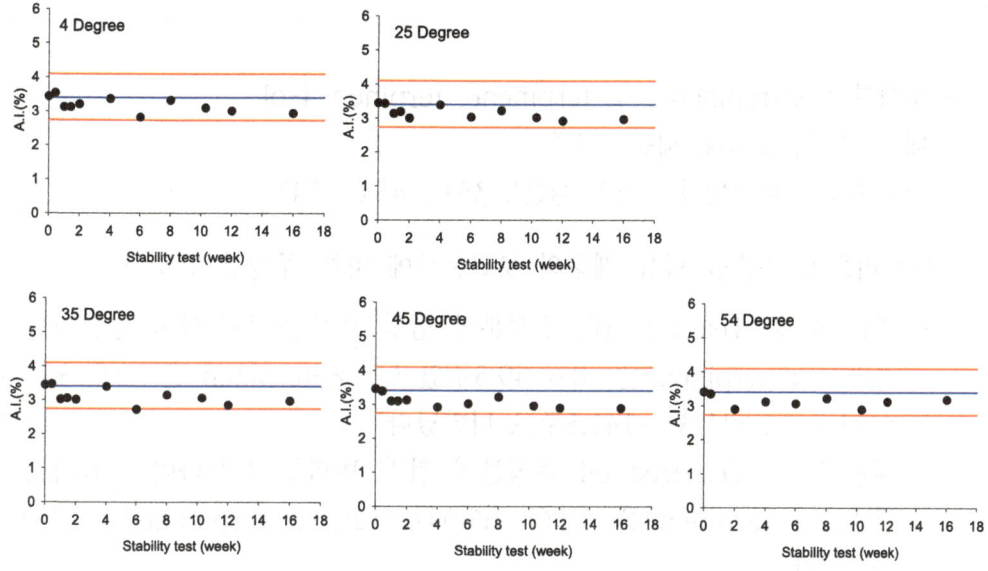

〈제품 A 중 제충국 주성분의 함량변화〉

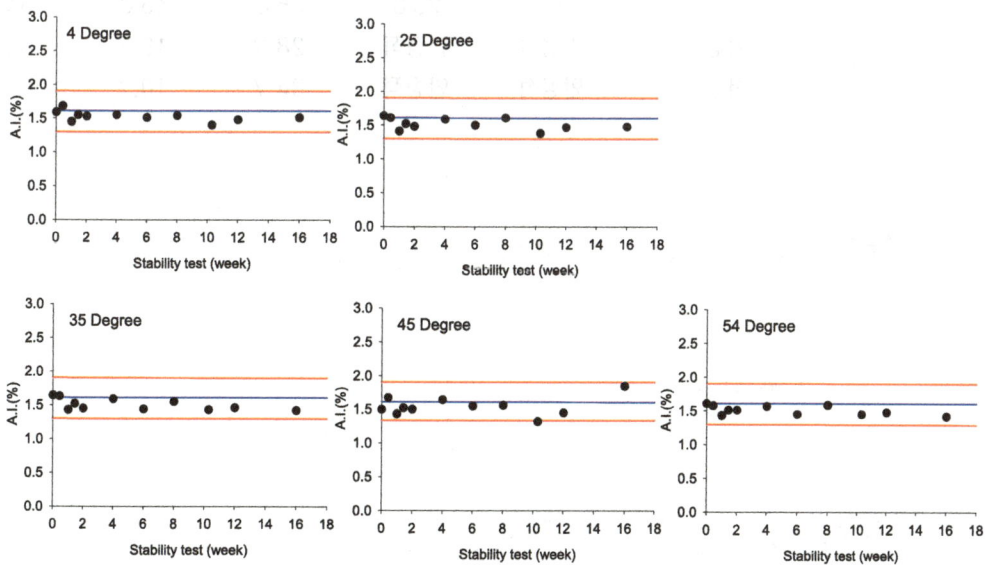

〈제품 B 중 제충국 주성분의 함량변화〉

9 차나무(Tea tree oil)

- 주성분 : α-tepinene, γ-terpinene, terpinen-4-ol
- 대상 유기농업자재 제품 : 2종
- 시험온도 : 4℃(냉장), 25℃(실온), 35℃, 45℃, 54℃

◉ 티트리오일 추출물 함유 제품의 보관온도에 따른 주성분 안정성

- 제품 A 중 Tea tree oil 주성분의 함량 변화를 분석하여 반감기를 산출한 결과, α-terpinene은 0.6~49.5주였고, γ-terpinene은 0.9~33주였으며, terpinen-4-ol은 3.5~141.5주로 나타났다.
- 제품 B 중 Tea tree oil 주성분의 함량 변화를 분석하여 반감기를 산출한 결과, α-terpinene은 0.96~165.04주였고, γ-terpinene은 1.3~330주로 나타났다.

〈표〉 차나무 추출물 함유 유기농업자재 중 Tea tree oil 주성분의 반감기

구분		반감기(주)				
		4℃	25℃	35℃	45℃	54℃
액상	제품 A	안정적	안정적	28.9	18.2	2.3
	제품 B	안정적	안정적	34.7	10.7	1.1

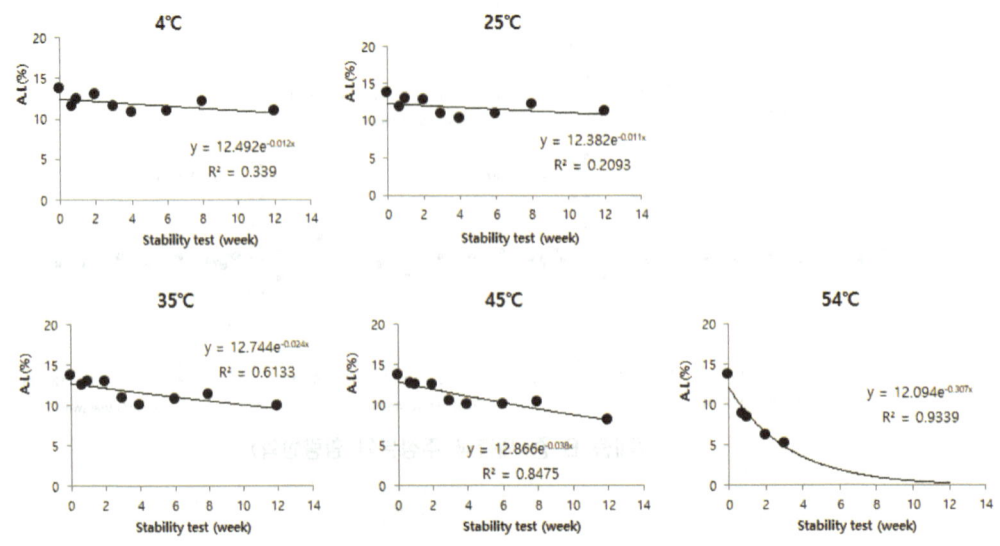

〈제품 A 중 티트리오일 주성분의 함량 변화〉

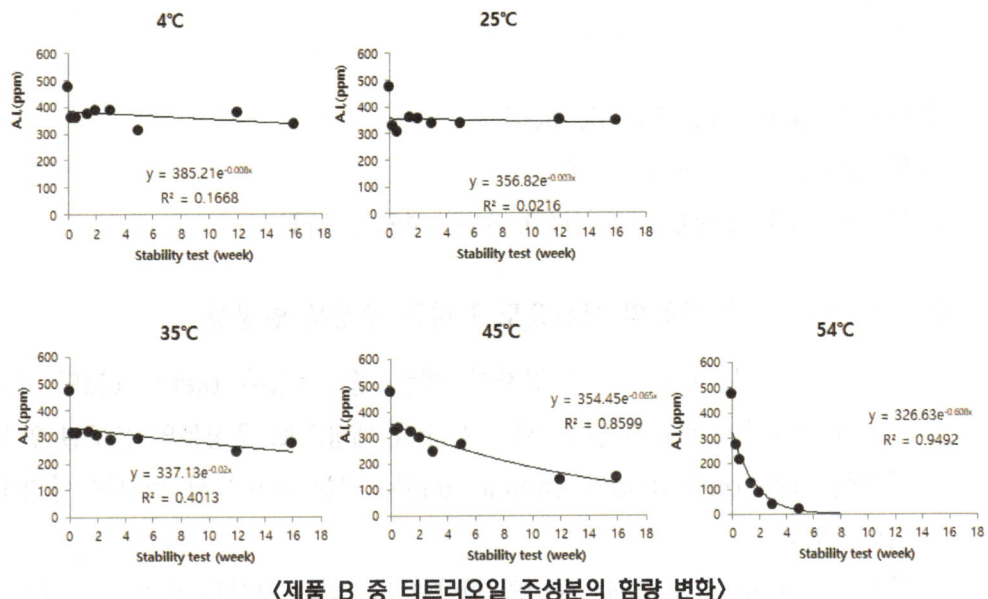

〈제품 B 중 티트리오일 주성분의 함량 변화〉

- 티트리오일을 이용한 유기농업자재 보관시 주의사항

  - 온도에 따른 티트리오일(Tea tree oil) 주성분 함량의 감소양상을 중심으로 제품의 안정성을 평가한 결과, 티트리오일을 함유한 유기농업자재 제품은 상온(25℃)에서 가장 안정적이었다.
  - 성분에 따라서는 terpinen-4-ol가 상대적으로 더 안정하였으며, α-terpinene 과 γ-terpinene의 반감기는 비교적 유사하게 나타났다.
  - 시험결과에 따라 유기농업자재를 보관 시에는 직사광선을 피하여 상온(25℃)에 보관하고, 개봉 후에는 빠른 시일 내에 사용하기를 권장한다. 특히 차나무 추출물 함유량이 적은 유기농업자재의 경우 온도에 따라 반감기의 차이가 더 크게 나타나므로 보관 온도에 주의하여 보관할 것을 권장한다.

10 차나무(Tea seed oil)

- 주성분 : oleic acid, linoleic acid
- 대상 유기농업자재 제품 : 2종
- 시험온도 : 4℃(냉장), 25℃(실온), 35℃, 45℃, 54℃

○ 유차나무오일 함유 제품의 보관온도에 따른 주성분 안정성

- 차나무 추출물 함유 유기농업자재 제품 중 주성분 oleic acid와 linoleic acid의 함유량이 비교적 많은 제품 A, B를 대상으로 주성분의 온도별 안정성을 시험한 결과, oleic acid와 linoleic acid는 모든 온도에서 비교적 안정적임을 확인하였다.
- 제품 A는 고온에서 linoleic acid의 함량이 감소하는 양상을 보였으나, 제품 B 중 주성분의 함량은 냉장(4℃), 상온(25℃), 고온(54℃)에서도 큰 차이가 없었다.
- 이러한 안정성은 원료의 원산지나 불포화지방산의 조성 차이, 계면활성제 등 보조제의 차이에 따라 달라질 수 있다. 특히 oleic acid와 linoleic acid는 지방산 성분이므로 공기에 노출되면 산화하거나 색깔이 갈색으로 변할 수 있으므로 개봉 후에는 빠르게 사용하는 것이 바람직하다.

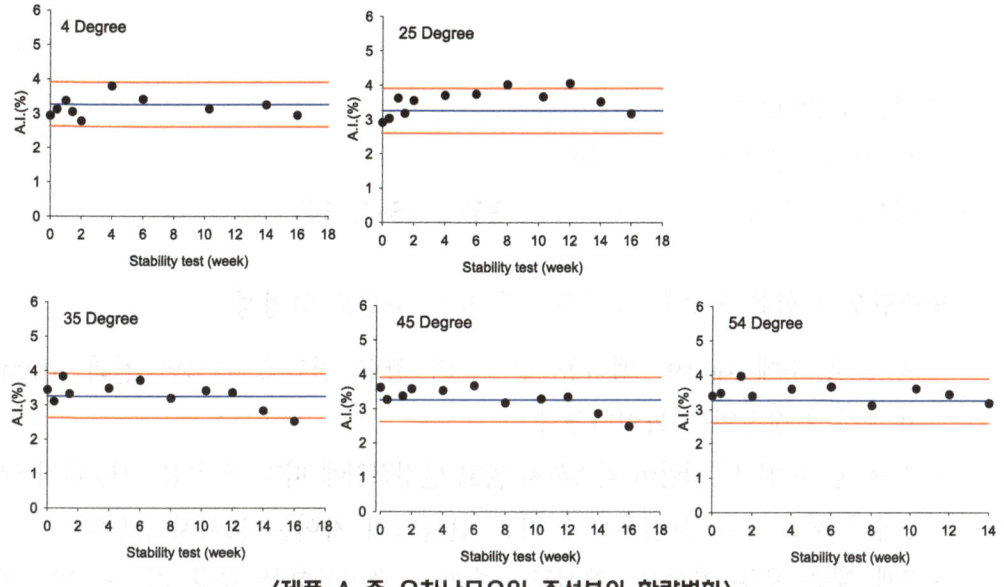

〈제품 A 중 유차나무오일 주성분의 함량변화〉

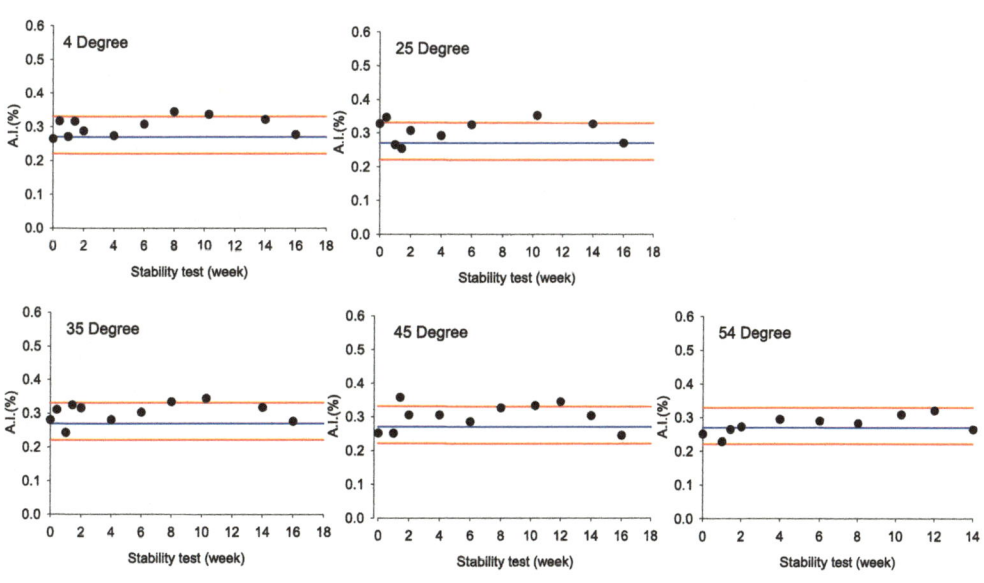

〈제품 B 중 유차나무오일 주성분의 함량변화〉

11 백리향

- 주성분 : thymol
- 대상 유기농업자재 제품 : 2종
- 시험온도 : 4℃(냉장), 25℃(실온), 35℃, 45℃, 54℃

○ **백리향오일 함유 제품의 보관온도에 따른 주성분 안정성**

- 제품 A, B에 대하여 백리향 주성분의 함량 변화를 분석한 결과, thymol은 비교적 안정적임을 확인하였다.
- 제품 중 주성분의 함량이 감소하지 않고 안정적임에 따라 반감기는 산출하지 않았다.
- 2개의 제품 모두 보관온도에 따른 안정성의 차이는 보이지 않았다.
- 2개 제품 모두 가속온도에서도 6주까지 관리상한한 함량 기준을 만족하므로 백리향 오일 주성분 thymol은 유기농업자재 제품 중에서 매우 안정한 것으로 확인되었다.

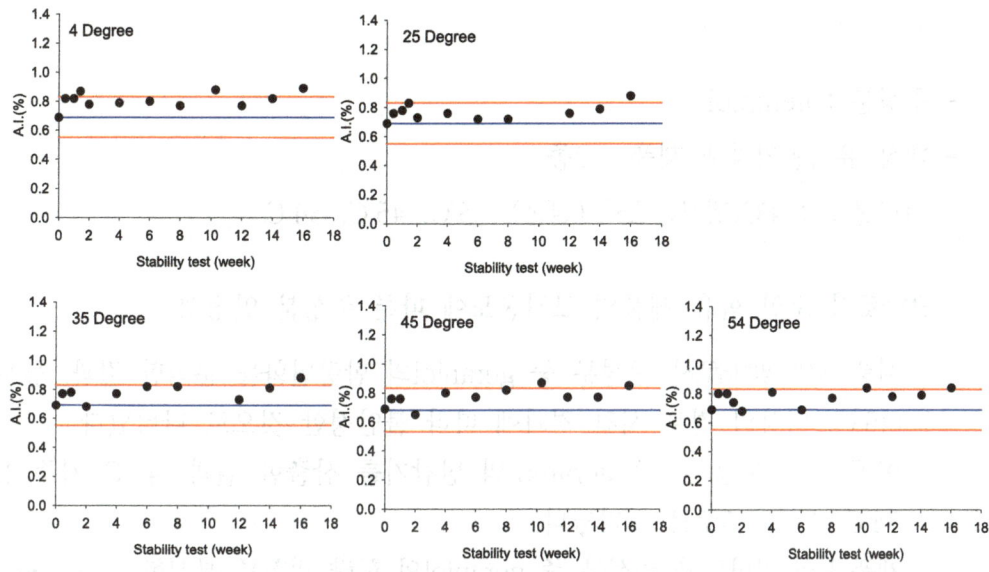

〈제품 A 중 백리향 주성분의 함량변화〉

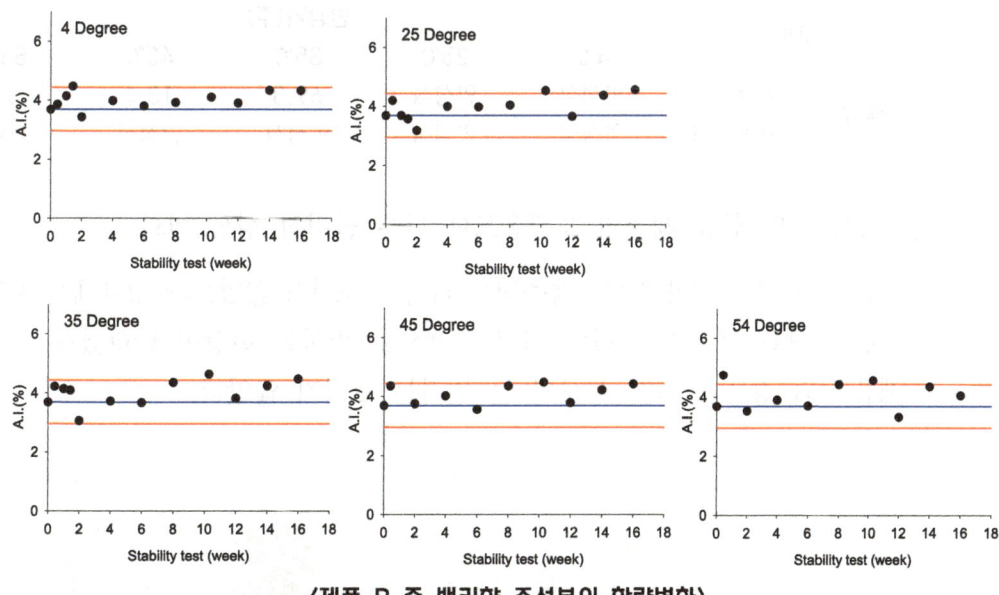

〈제품 B 중 백리향 주성분의 함량변화〉

12 팔마로사

- 주성분 : geraniol
- 대상 유기농업자재 제품 : 2종
- 시험온도 : 4℃(냉장), 25℃(실온), 35℃, 45℃, 54℃

○ 팔마로사 오일 함유 제품의 보관온도에 따른 주성분 안정성

- 제품 A의 팔마로사 주성분 중 geraniol의 함량변화를 분석한 결과, 높은 온도(45℃) 이상의 경우 시간 경과에 따라 불안정한 것으로 나타났다.
- 이에 따라 제품 A 중 geraniol의 반감기를 산출한 결과, 45℃ 기준 13.1주, 54℃ 기준 5.5주로 나타났다.
- 제품 B의 팔마로사 주성분 중 geraniol의 함량 변화를 분석한 결과, 제품 B 중 geraniol은 비교적 안정적임을 확인하였다. 따라서 제품 B 중 geraniol의 반감기는 산출하지 않았다.

〈표〉 팔마로사 오일 함유 유기농업자재 중 주성분의 반감기

구분		반감기(주)				
		4℃	25℃	35℃	45℃	54℃
액상	제품 A	안정적	안정적	69.3	13.1	5.5
	제품 B	안정적	안정적	안정적	안정적	안정적

○ 팔마로사 오일 함유 제품의 보관온도에 따른 물리적 성상 변화

- 제품 A의 경우 액상제품의 응축되는 양상은 보이지 않았으나 고온에서 오랫동안 보관 시에는 제형의 분리나 색이 갈색으로 변하는 현상이 나타났다.
- 제품 B의 경우 물리적 성상의 큰 변화는 보이지 않았다.

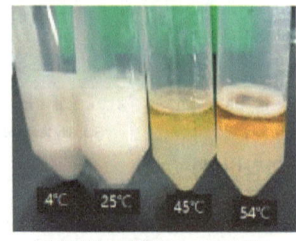
〈그림〉 제품 A (8주차)

〈그림〉 제품 A (16주차)

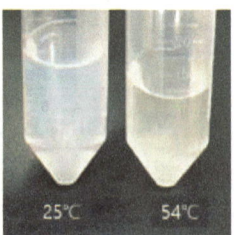
〈그림〉 제품 B (16주차)

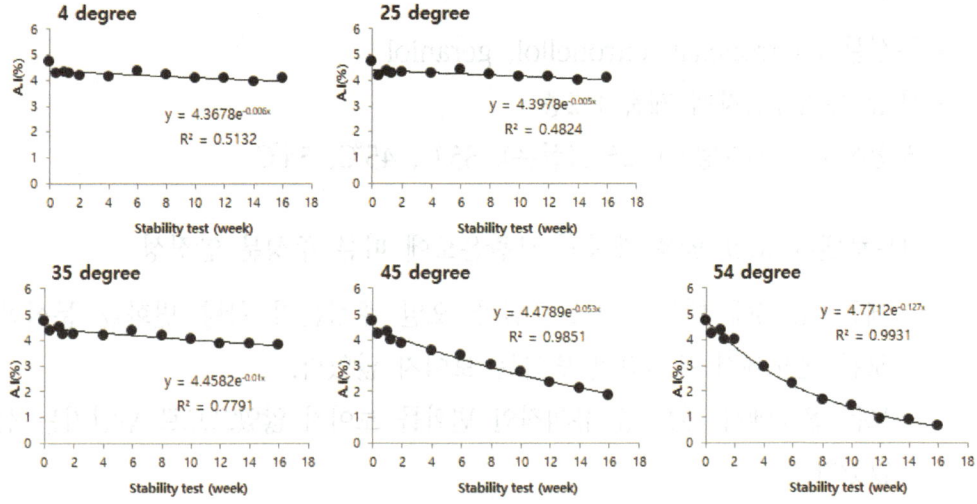

〈제품 A 중 팔마로사 주성분 geraniol의 함량변화〉

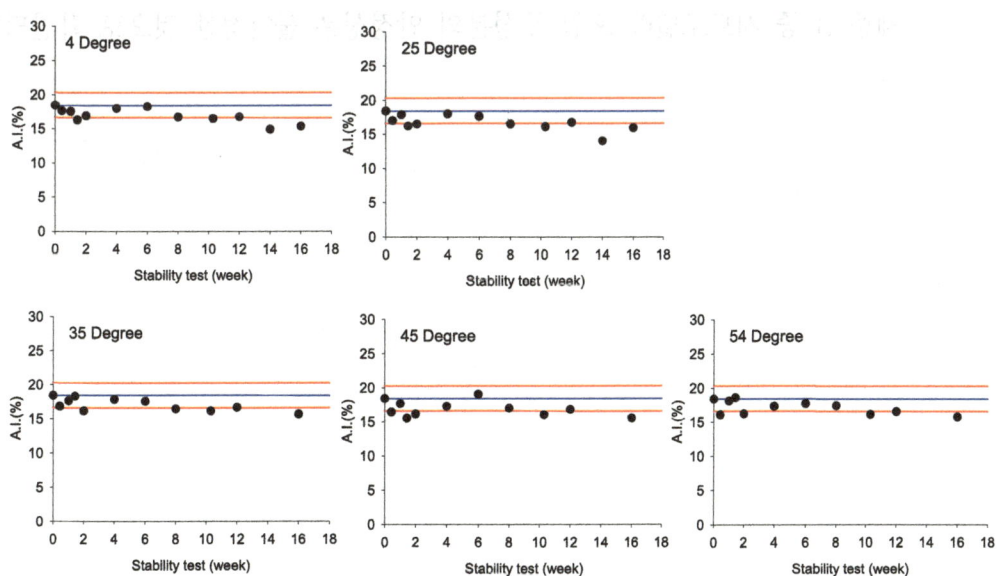

〈제품 B 중 팔마로사 주성분 geraniol의 함량변화〉

13 시트로넬라

- 주성분 : citronellal, citronellol, geraniol
- 대상 유기농업자재 제품 : 2종
- 시험온도 : 4℃(냉장), 25℃(실온), 35℃, 45℃, 54℃

○ 시트로넬라 오일 함유 제품의 보관온도에 따른 주성분 안정성

- 제품 A, B에 대하여 시트로넬라 오일 주성분의 함량 변화를 분석한 결과, 모든 온도에서 유의적인 변화는 보이지 않았다.
- 모든 온도에서 제품 중 유의적인 변화를 보이지 않았으므로 반감기는 산출하지 않았다.
- 제품 A의 경우 가속온도에서 2주까지 관리상한 함량 기준을 만족하므로 제품 A 중 시트로넬라 오일 주성분의 안정성은 보통 수준으로 확인되었다.
- 제품 B의 경우, 가속온도에서 1주까지 관리상한 함량 기준을 만족함으로 제품 B 중 시트로넬라 오일 주성분의 안정성은 불안정한 것으로 확인되었다.

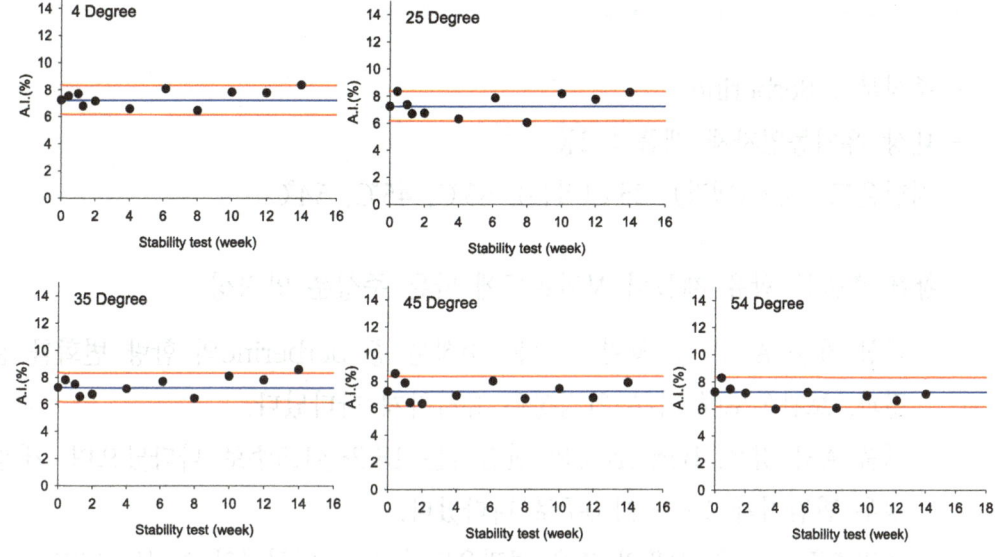

〈제품 A 중 시트로넬라오일 주성분의 함량변화〉

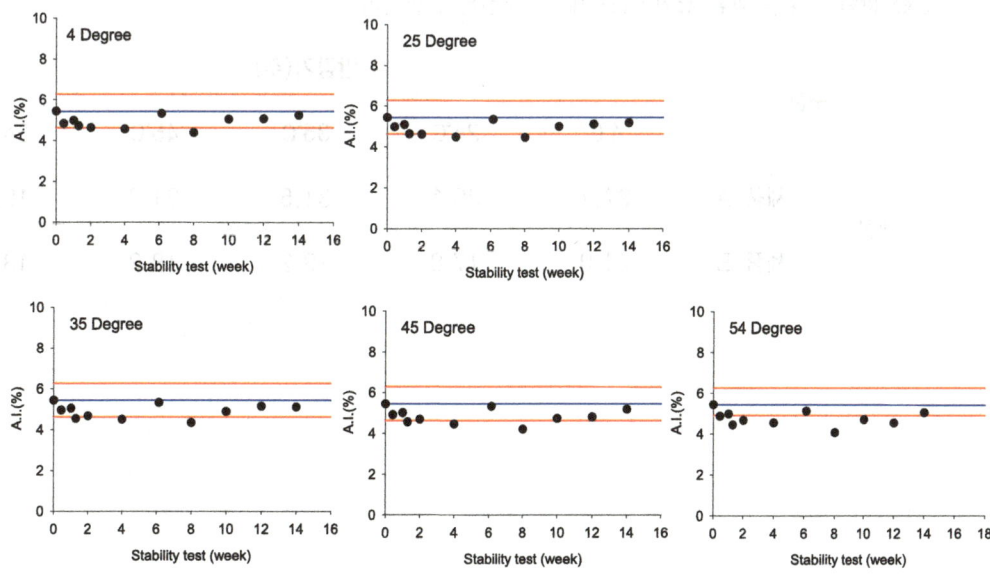

〈제품 B 중 시트로넬라오일 주성분의 함량변화〉

14 황련

- 주성분 : Berberine
- 대상 유기농업자재 제품 : 2종
- 시험온도 : 4℃(냉장), 25℃(실온), 35℃, 45℃, 54℃

○ 황련 추출물 함유 제품의 보관온도에 따른 주성분 안정성

- 액상 제품 A, B 중 황련 추출물 주성분 중 berberine의 함량 변화를 분석한 결과, 보관온도에 따른 안정성은 유사하게 나타났다.
- 제품 A의 경우, berberine의 반감기는 18.2~31.5주로 나타났으며, 제품 B의 경우 반감기가 13.1~21.0주로 나타났다.
- 황련추출물 함유 제품의 경우 보관온도에 따른 안정성의 차이는 없었으나 제품 중 주성분은 매우 불안정한 것으로 판단된다.

〈표〉 황련 추출물 함유 유기농업자재 중 주성분의 반감기

구분		반감기(주)				
		4℃	25℃	35℃	45℃	54℃
액상	제품 A	27.7	30.1	31.5	21.7	18.2
	제품 B	21.0	17.8	18.2	18.2	13.1

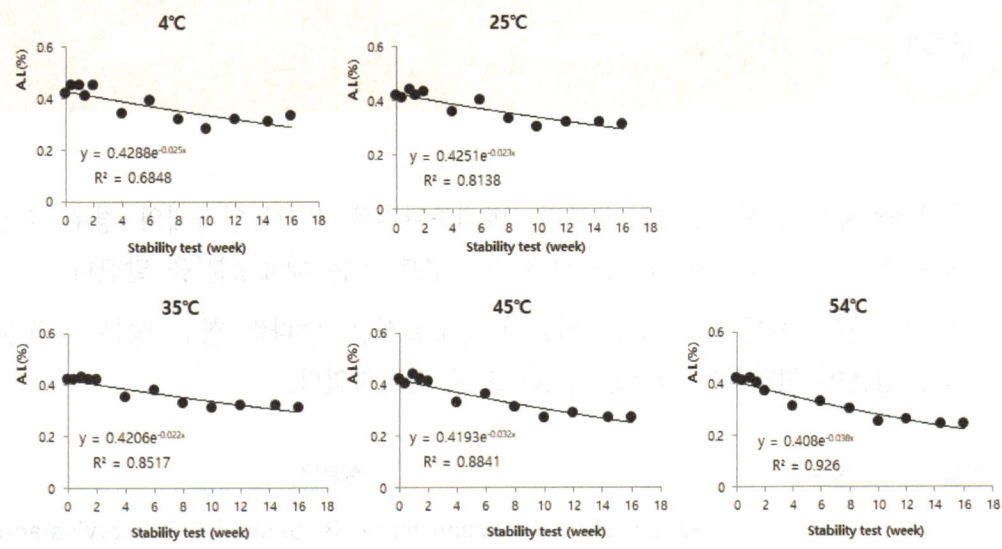

〈제품 A 중 황련 추출물 주성분의 함량변화〉

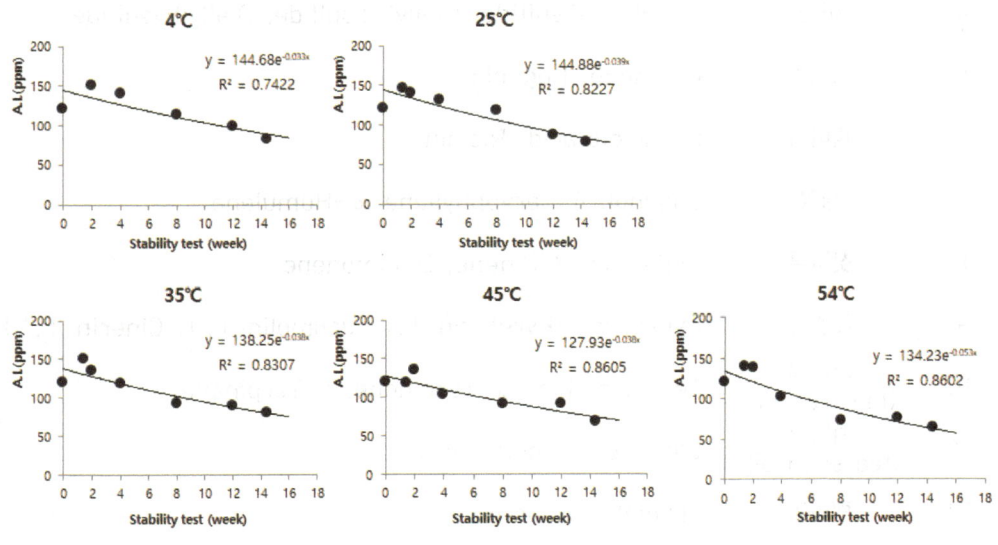

〈제품 B 중 황련 추출물 주성분의 함량변화〉

부록1 — 식물추출물 함유 유기농업자재의 주성분

- 유기농업자재 공시 기준에 따르면, 병해충관리용 유기농업자재의 경우 주성분은 '병이나 해충에 대하여 활성을 나타내는 성분 또는 대표성분'을 말한다.
- 따라서 문헌조사를 통해 원료 식물의 ①고유성분, ②다량 함유 성분, ③작물보호 기능 성분에 해당하는 성분을 주성분으로 선정하였다.

번호	식물명	성분명
1	님	Azadirachtin A, Azadirachtin B, Salannin, Deacetylsalannin
2	고삼	Matrine, Oxymatrine
3	계피	Cinnamaldehyde, Cinnamyl alcohol
4	마늘	Dimethyl disulfide, Diallyl disulfide, Diallyltrisulfide
5	데리스	Rotenone, Deguelin
6	피마자	Ricinoleic acid, Ricinin
7	정향	Eugenol, β-Caryophyllene, α-Humulene
8	잣나무	α-Pinene, β-Pinene, D-Limonene
9	제충국	Pyrethrins (Pyrethrin I,II, Jasmolin I,II, Cinerin I,II)
10	차나무 (tea tree oil)	Terpinen-4-ol, α-Terpinene, γ-Terpinene
11	차나무 (tea seed oil)	Oleic acid, Linoleic acid
12	백리향	Thymol, Carvacrol
13	팔마로사	Geraniol, Linalool
14	시트로넬라	Citronellal, Citronellol, Geraniol
15	대황	Aloe-emodin, Rhein, Emodin, Chrysophanol, Physcion
16	황련	Berberine, Palmatine, Coptisine

부록2 — 가스크로마토그래피를 활용한 주성분 전처리방법

	계피(고상)	계피(액상)
	<Solid sample>	<Liquid sample>
Sample Preparation	1. Sample 5g + Acetone 30mL 2. Extraction for 1 hr 3. Filtering and Concentration 4. Dissolution with Acetone 2 mL	Dilution with DW (100 fold)
Sample Clean up	HLB SPE (60mg, 3cc) 1. Conditioning with Acetone 2mL 2. Equilibration with DW 1mL	
	Sample loading 2mL	Sample loading 1mL
	Staying 10min	
		Washing with DW 2mL
	Elution with Acetone 6mL	
	Concentration and Dissolution with Acetone 5 mL	
Instrument	GC/FID analysis	

	피마자(리시놀레산)	차나무(tea seed oil)
Sample Preparation	Sample 20mg + Isooctane 1mL	
Saponification	1. Add 0.5N NaOH in MeOH 1.5mL & Shake 2. Heat at 100℃ for 5min	
Methylation	1. Cool down to 30~40℃ 2. Add isooctane 1mL, 14% BF_3 2mL & Shake 3. Heat at 100℃ for 5min	
Extraction	1. Cool down to 30~40℃ 2. Add isooctane 1mL & Shake for 30 sec 3. Add saturated NaCl 5mL & Shake 4. Transfer supernatant in 15 mL tube 5. Add Na_2SO_4 anhydrous & Shake	
	6. Add isooctane 1.5mL in the rest of water layer : 2~3 repeat	
	1. N_2 Dry of isooctane layer 2. Elution with DCM 5mL 3. Dilution 10000 fold	1. N_2 Dry of isooctane layer 2. Elution with acetone 5mL 3. Dilution 40 fold
Instrument	GC/FID or GC/MS analysis	

	마늘	정향	시트로넬라	팔마로사
Sample Preparation	Dilution with DW (100 fold)	Dilution with DW (10 fold)	Dilution with DW (100 to 2000 fold)	Dilution with DW (100 to 500 fold)
Sample Clean up	HLB SPE (60mg, 3cc) 1.Conditioning with acetone 2mL 2.Equilibration with DW 1mL		HLB SPE (60mg, 3cc) 1.Conditioning with DCM 3mL 2.Equilibration with DW 1mL	
	Sample loading 1mL		Sample loading 1mL	
		Staying 10 min	Staying 5 min	
	Washing with DW 2mL		Washing with DW 1mL	
	Elution with acetone 6mL		Elution with DCM 6mL	Elution with DCM 10mL
Instrument	GC/FID analysis		GC/FID analysis	

	잣나무	차나무(tea tree oil)	백리향
Sample Preparation	Dilution with DW (10 fold)	1. Dilution with DW (10 to 100 fold) 2. Dilution with 10% tween 20 (2 fold)	Dilution with DW (20 to 500 fold)
Sample Clean up	Envi-carb SPE (500mg, 6cc) 1.Conditioning with acetone 6mL 2.Equilibration with DW 6mL	Envi-carb SPE (500mg, 6cc) 1.Conditioning with acetone 5mL 2.Equilibration with DW 5mL	HLB SPE (500mg, 6cc) 1.Conditioning with acetone 6mL 2.Equilibration with DW 6mL
	Sample loading 2mL	Sample loading 1mL	Sample loading 1mL
	Staying 10min		Staying 10 min
	Washing with DW 12mL	Washing with DW 10mL	Washing with DW 6mL
	Elution with acetone 10mL		Elution with acetone 10mL
Instrument	GC/FID analysis		GC/FID analysis

부록3 액체크로마토그래피를 활용한 주성분 전처리방법

	님	데리스	고삼	피마자(리시닌)
Sample Preparation	Dilution with DW (20 fold)	Dilution with DW (10 fold)	Dilution with DW (10 to 100 fold)	Dilution with DW (10 fold)
Sample Clean up	Extraction: Sample 1mL+DW 50mL +DCM 20mL x 3	(同)	Ⅰ.Envi-carb SPE (500mg, 6cc) 1.Conditioning with MeOH 3mL 2.Equilibration with DW 3mL	(同)
	Concentration and Dissolution with 5% MeOH in DW 2mL		Sample loading 1mL	
	HLB SPE (60mg, 3cc) 1.Conditioning with MeOH 2mL 2.Equilibration with DW 2mL		Staying 10min	
			Washing with DW 12mL	
	Sample loading 2mL		Ⅱ.C18 SPE (500mg, 6cc) 1.Conditioning with MeOH 3mL 2.Equilibration with DW 3mL	
		Staying 10 min		
	Washing with 5% MeOH 2mL		Connecting Envi-carb (up) and C18 (down)	
	Elution with MeOH 5mL	Elution with MeOH 2mL	Elution with MeOH 12mL	Elution with MeOH 9mL
	Concentration and Dissolution with MeOH 1mL		Concentration and Dissolution with MeOH 1mL	
Instrument	UPLC analysis		UPLC analysis	

	제충국	대황	황련
Sample Preparation	Dilution with DW (100 to 1000 fold)	Dilution with DW (100 to 500 fold)	Dilution with DW (100 to 1000 fold)
Sample Clean up	HLB SPE (500mg, 6cc) 1.Conditioning with methanol 6mL 2.Equilibration with DW 6mL	HLB SPE (60mg, 3cc) 1.Conditioning with MeOH 3mL 2.Equilibration with 0.1% Acetic acid in DW 1mL	HLB SPE (60mg, 3cc) 1.Conditioning with MeOH 3mL 2.Equilibration with DW 1mL
	Sample loading 2mL	Sample loading 1mL	
	Staying 10min	Staying 5min	
	Washing with DW 6mL	Washing with DW 1mL	
	Elution with MeOH 10mL	Elution with MeOH 10mL	
	Concentration & dissolution in ACN 2mL	Concentration & Dissolution in MeOH 1mL	
Instrument	HPLC analysis	HPLC analysis	

부록4 유기농업자재 제품 중 주성분 안정성 시험방법

- 식물추출물의 경우 생산지, 재배법, 추출부위, 추출공정에 따라 천연물질 함량의 차이가 크게 나타난다.
- 천연물의 특성상 자연분해속도가 화학농약에 비해 월등히 빠를 수 있다.
- 식물추출물별 이를 함유한 유기농업자재 공시 제품을 2~4개 선정하여 주성분 안정성 시험을 수행하였다. 시험 방법은 농약 및 원제 등록기준(농촌진흥청 고시)의 [별표9] 이화학 분석 기준과 방법 중 경시변화 시험기준을 참고하였다.

표. 유통기한 설정을 위한 보관 온도별 평가기간 ([별표9] 이화학 분석 기준과 방법)

보관온도	유통기한			비고
	1년	2년	3년	
30℃	18주	-	-	
35℃	12주	-	-	
40℃	8주	-	-	
45℃	6주	-	-	
54℃	2주	4주	6주	약효보증기간 1년 추가 시 2주일씩 추가시험

* 유효성분 함유량은 아래의 허용범위에 적합해야 함

표. 유효성분 함유량 허용범위 ([별표8] 농약의 시료 검사기준)

유효성분 함유량		허용범위	
		하한	상한
2.5% 이하	고상제	유효성분 함유량의 75% 이상	유효성분 함유량의 125% 이상
	액상제	유효성분 함유량의 85% 이상	유효성분 함유량의 115% 이상
2.5% 초과~10% 이하		유효성분 함유량의 90% 이상	유효성분 함유량의 110% 이상
10% 초과~25% 이하		유효성분 함유량의 94% 이상	유효성분 함유량의 106% 이상
25% 초과~50% 이하		유효성분 함유량의 95% 이상	유효성분 함유량의 105% 이상
50% 초과		유효성분 함유량에 절대값 2.5를 뺀 값 이상	유효성분 함유량에 절대값 2.5를 더한 값 이하

- 시험 대상 제품의 용기를 개봉한 후 균질화하여 밀폐용기에 1 mL 이상 소분하고, 5개 이상의 온도로 설정된 항온기에 빛을 차단하여 각각 보관하여 매주 주성분의 함량을 분석하였다.
  ※ 보관온도 : 실온(23±2℃), 저온(0℃ 또는 4℃), 가속온도(54℃, 45℃, 40℃, 35℃, 30℃)

● 연구결과의 분석

1) 보관온도별로 시험기간에 따른 함량 변화 그래프(회귀곡선)를 그린 후 유의적인 변화가 있는지 확인하였다. (반감기 회귀식의 R^2가 0.6 이상)

2) 보관온도별로 감소 혹은 증가하는 회귀곡선이 도출될 경우 1st order equation을 이용하여 실온조건에서의 $t_{0.8}$(초기 함량의 80% 수준으로 감소하는 기간)을 산출 하였다. ※ $t_{0.8}=\ln(1.25)/k$ (k는 회귀식에서 도출된 감소 상수)

3) 모든 온도에서 유의적인 변화가 없을 시 농약의 유효성분 함유량 허용범위를 관리상하한 함량기준으로 참고하여 가속온도에서 허용범위를 만족하는 기간을 산출(One sample t-test 이용)하였다.

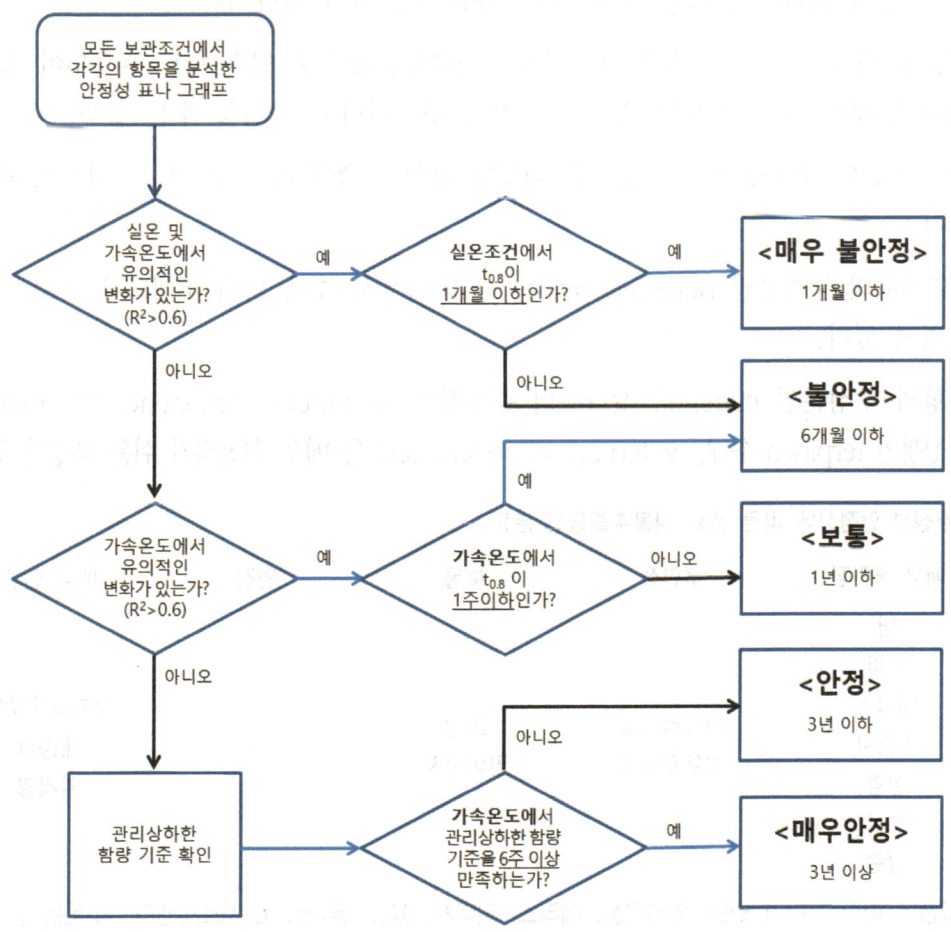

〈유기농업자재 제품 중 주성분 안정성 결과 분석 flow chart〉

부록5   식물추출물 함유 유기농업자재 보관 시 주의사항

- 병해충관리용 유기농업자재의 원료로 사용되는 식물추출물의 주성분 중 일부 성분은 휘발성 및 분해가 빠른 특성을 가지고 있어 안정성이 매우 낮을 수 있다. 따라서 유기농업자재 제품은 냉장 또는 25℃ 이하 서늘한 곳에 보관하여야 하며 제품을 개봉하였을 때 바로 사용하기를 권장한다.
- 특히 제품 중 주성분의 안정성이 낮은 경우에는 특히 보관온도 및 보관기간을 주의 깊게 관리하고 빠른 시일 내에 사용하는 것이 바람직하다.
- 제품에 따라 여러 식물추출물이 함께 사용되는 경우도 있으므로, 주성분이 불안정하다고 해서 제품 자체의 효과가 완전히 없어진다고 단정할 수는 없다.
- 님의 성분인 limonoid은 산소, 빛, 미생물 등의 노출에 쉽게 분해되는 것으로 알려져 있다.
- 피마자유의 주성분인 ricinoleic acid는 대기 중에서 빛에 의해 분해되기 쉬운 것으로 알려져 있다.
- 정향의 주성분인 eugenol, 잣나무의 주성분인 α-pinene, limonene, 티트리오일의 주성분인 terpinen-4-ol, α-terpinene, γ-terpinene은 매우 휘발되기 쉬운 특성이 있다.

표. 주성분 안정성에 따른 원료 식물추출물의 분류

매우 불안정	불안정	보통	안정	매우 안정
님 계피 데리스 피마자 정향 잣나무 황련	티트리오일 시트로넬라	고삼 팔마로사	-	유차나무오일 제충국 백리향

※ 제품에 따라 차이가 있는 경우(고삼, 데리스, 피마자, 정향, 팔마로사, 시트로넬라, 황련)는 안정성이 낮은 쪽에 표기하였다.

감　　　수 : 국립농업과학원 농산물안전성부장 서효원
편집 및 기획 : 국립농업과학원 잔류화학평가과장 최달순
집　필　인 : 류송희, 박상원, 최근형, 이효섭, 이지원, 송아름, 문보연,
　　　　　　 김경진, 진초롱, 전라남도농업기술원 박병준,
　　　　　　 경상대학교 김진효, 전주시농업기술센터 임성진

식물추출물 함유
유기농업자재 주성분 분석 매뉴얼

초판 인쇄 2021년 12월 17일
초판 발행 2021년 12월 24일

저　자 농촌진흥청 국립농업과학원
발행인 김갑용

발행처 진한엠앤비
주소 서울시 서대문구 독립문로 14길 66 205호(냉천동 260)
전화 02) 364 - 8491(대) / 팩스 02) 319 - 3537
홈페이지주소 http://www.jinhanbook.co.kr
등록번호 제25100-2016-000019호 (등록일자 : 1993년 05월 25일)
ⓒ2021 jinhan M&B INC, Printed in Korea

ISBN 979-11-290-2568-5　 (93520)　　　[정가 14,000원]

☞ 이 책에 담긴 내용의 무단 전재 및 복제 행위를 금합니다.
☞ 잘못 만들어진 책자는 구입처에서 교환해 드립니다.
☞ 본 도서는 [공공데이터 제공 및 이용 활성화에 관한 법률]을 근거로 출판되었습니다.